Myologie et sérologie de la famille aviaire des Fringillidae

Une étude taxonomique

William B. Stallcup

Writat

Cette édition parue en 2024

ISBN : 9789361468957

Publié par
Writat
email : info@writat.com

Contenu

Introduction

Les relations entre de nombreux groupes d'oiseaux au sein de l'Ordre des Passériformes sont mal comprises . La plupart des ornithologues conviennent que certaines familles de passereaux des classifications actuelles sont des groupes artificiels. Ces groupements artificiels sont le résultat de premiers travaux qui ont accordé une attention particulière aux structures externes facilement adaptables. La taille et la forme du bec, par exemple, ont été surestimées dans le passé en tant que caractères taxonomiques. Il est maintenant reconnu que le projet de loi est une structure hautement adaptative et qu'il fait souvent preuve de convergence et de parallélisme.

Étant donné que les études de morphologie externe n'ont pas réussi dans certains cas à fournir une compréhension claire des relations entre les passereaux, il semble approprié d' accorder une attention particulière à d'autres caractéristiques morphologiques, aux caractéristiques physiologiques et aux études d'histoire de vie pour tenter de trouver d'autres indices. aux relations au niveau familial et sous-familial.

Cet article rapporte les résultats d'une étude des relations de certains oiseaux de la famille des Fringillidae et est basé sur la myologie comparée de l'appendice pelvien et sur la sérologie comparative des protéines solubles dans la solution saline. Lorsque cela était nécessaire à des fins de comparaison, des oiseaux d'autres familles ont été inclus dans ces enquêtes.

Il est reconnu depuis longtemps que les Fringillidae comprennent des groupes différents. Des travaux récents de Beecher (1951b, 1953) sur la musculature de la mâchoire et de Tordoff (1954) principalement sur la structure du palais osseux ont souligné le caractère artificiel de l'assemblage bien que ces auteurs ne soient pas d'accord sur les principales divisions qui le composent (voir ci-dessous). .

Les Fringillidae se distinguent des autres familles d'oscines à neuf primaires par un seul caractère : un bec lourd et conique (pour écraser les graines). Des projets de loi de cette forme ont été élaborés indépendamment dans plusieurs autres groupes non liés ; comme Tordoff (1954 : 7) l'a souligné, *les Molothrus* de la famille des Icteridae, *les Psittorostra* de la famille des Drepaniidae et la plupart des membres de la famille des Ploceidae ont un bec aussi lourd et conique que celui des fringillidés. Les plocéides se distinguent des fringilles par un seul caractère extérieur : un dixième primaire assez développé alors que chez les fringilles le dixième primaire est absent ou vestigial. Tordoff (1954 : 20) souligne cependant que cette distinction a une valeur limitée puisque dans d'autres familles de passereaux, le dixième primaire peut être présent chez certaines espèces d'un genre et absent chez d'autres. Le genre

Vireo en est un exemple. De plus, au moins un plocéide (*Philetairus*) a un petit dixième primaire vestigial, alors que certains fringillidés (*Emberizoides* , par exemple) possèdent un dixième primaire plutôt grand et placé ventralement (Chapin, 1917 : 253-254). Il est donc évident que des études basées sur d'autres caractéristiques sont nécessaires pour parvenir à une meilleure compréhension des relations entre les oiseaux impliqués .

Les études de Sushkin (1924, 1925) sur la structure des palais osseux et corné ont servi de base à la division des Fringillidae en cinq sous-familles (Hellmayr, 1938 : v) : Richmondeninae, Geospizinae, Fringillinae, Carduelinae et Embérizinae.

Beecher (1951b : 280) souligne que « les pinsons de Richmondenine naissent si ininterrompus des tangaras que les ornithologues ont dû tracer arbitrairement la ligne de démarcation entre les deux groupes ». Son étude de la structure de la musculature de la mâchoire le confirme. Il déclare en outre que les pinsons carduélins naissent sans disjonction des tangaras. Il suggère donc que les deux groupes de « tangaras » deviennent des sous-familles des Thraupidés et qu'une troisième sous-famille soit maintenue pour les tangaras plus typiques. Il déclare que les pinsons embérizines sont d'origine différente, issus des parulines des bois (1953 : 307). Beecher (1951a : 431 ; 1953 : 309) inclut le Dickcissel, *Spiza americana* , dans la famille des Icteridae, principalement sur la base du modèle musculaire de la mâchoire et du palais corné.

Tordoff (1954 : 10-11) présente des preuves selon lesquelles la présence d'os palato-maxillaires chez des oiseaux à neuf primaires indique une relation entre les formes qui les possèdent. Il souligne que tous les fringillidés, à l'exception des Carduelinae, possèdent des palato-maxillaires soit libres, soit plus ou moins fusionnés à la barre prépalatine. Il souligne également que chez toutes les carduelines, la barre prépalatine est évasée à sa jonction avec le prémaxillaire, et que les processus médiopalatins sont fusionnés sur la ligne médiane ; les fringillidés non carduélins n'ont pas ces caractéristiques. En plus de ce qui précède, il cite des différences entre les carduelines et les « autres » fringillidés dans les squelettes appendiculaires, dans la répartition géographique, dans les schémas de migration et dans les habitudes. Tordoff conclut donc que les carduelines ne sont pas des fringillidés mais des plocéides, leurs affinités les plus proches étant avec la sous-famille des plocéides des Estrildinae. Sur la base de la structure palatine, les Fringillinae et Geospizinae sont combinées avec les Emberizinae, le nom Fringillinae étant conservé pour la sous-famille. Les tangaras se confondent avec les Richmondeninae d'une part et avec les Fringillinae d'autre part. Sur cette base, Tordoff (1954 : 32) suggère que la famille des Fringillidae soit divisée en sous-familles comme suit : Richmondeninae, Thraupinae et Fringillinae.

Les carduelines sont placées dans la sous-famille des Carduelinae dans la famille des Ploceidae.

De ce qui précède, il ressort que les deux axes de recherche les plus récents ont donné lieu à des théories contradictoires concernant les relations au sein de la famille des Fringillidae. Le but de mon enquête a donc été de recueillir des informations, provenant d'autres domaines, qui pourraient clarifier les relations entre ces oiseaux.

Étant donné que l'on pense que la configuration musculaire de la jambe de l'ordre des Passériformes est une évolution lente et ancienne, toute variation qui distingue systématiquement un groupe d'espèces d'un autre pourrait être significative. Dans l'espoir de découvrir une telle variation , une étude de la myologie comparée des jambes a été entreprise.

L'utilité de la sérologie comparative comme moyen de déterminer la relation a été démontrée dans de nombreuses enquêtes. Son utilisation dans le cas présent a été entreprise pour plusieurs raisons : la sérologie comparative trouve sa base dans des systèmes biochimiques qui semblent évoluer lentement ; ses méthodes sont objectives ; et son utilisation a jusqu'à présent abouti à l'accumulation de données qui semblent compatibles, dans la plupart des cas, avec des données obtenues à partir d'autres sources.

Je reconnais avec plaisir les conseils reçus dans cette étude du professeur Harrison B. Tordoff de l'Université du Kansas. Je suis également redevable au professeur Charles A. Leone, sans la direction et l'aide duquel les investigations sérologiques n'auraient pas été possibles ; aux professeurs E. Raymond Hall et A. Byron Leonard, dont les suggestions et critiques ont été des plus utiles à la préparation de cet article ; et à TD Burleigh du US Fish and Wildlife Service pour les dons de plusieurs spécimens utilisés dans ce travail. L'aide pour certaines parties de l'étude a été obtenue dans le cadre d'un contrat (NR163014) entre l'Office of Naval Research de la marine américaine et l'Université du Kansas.

Myologie de l'appendice pelvien

Déclaration générale

Dans un excellent article dans lequel les muscles de l'appendice pelvien des oiseaux sont décrits avec soin et précision, Hudson (1937) a brièvement passé en revue la littérature la plus importante relative à la musculature de la jambe qui avait été publiée à cette date. Un examen de ces informations ici semble donc inutile.

Les formules myologiques suggérées par Garrod (1873, 1874) ont été largement utilisées par les taxonomistes pour aider à caractériser les ordres d'oiseaux. Cependant, relativement peu d'investigations impliquant la myologie comparée de la jambe ont été entreprises au niveau familial et sous-familial. Les travaux de Fisher (1946), Hudson (1948) et Berger (1952) constituent des exceptions notables.

La terminologie des muscles utilisée dans cet article suit celle de Hudson (1937), sauf que j'ai suivi Berger (1952) dans la latinisation de tous les noms. Les homologies ne sont pas données puisqu'elles sont examinées par Hudson . Les termes ostéologiques proviennent de Howard (1929).

Matériels et méthodes

Les spécimens ont été conservés dans une solution d'une partie de formol pour huit parties d'eau. Une injection approfondie de tous les tissus était nécessaire pour une conservation satisfaisante. La plupart du duvet et des plumes de contour ont été retirées pour permettre au conservateur d'atteindre la peau.

Lors de la préparation des spécimens pour l'étude, les jambes et la ceinture pelvienne ont été retirées et lavées à l'eau courante pendant plusieurs heures pour éliminer une grande partie du formol . Ils ont ensuite été transférés dans un mélange de 50 pour cent d'alcool et d'une petite quantité de glycérine.

Tous les spécimens ont été disséqués à l'aide d'un microscope binoculaire de faible puissance. Dans la mesure du possible, plusieurs spécimens de chaque espèce ont été examinés pour détecter les différences individuelles. Ces différences se sont révélées légères et concernaient principalement la taille et la forme des muscles. La taille dépend en partie de l'âge de l'oiseau, les muscles des oiseaux plus âgés étant plus gros et mieux développés. La forme d'un muscle (qu'il soit long et mince ou court et épais) est due en partie à la position dans laquelle la jambe a été conservée ; c'est-à-dire qu'un muscle peut être étendu chez un oiseau et contracté chez un autre . Pour ces raisons, les descriptions et comparaisons reposent principalement sur l'origine et l'insertion d'un muscle et sur sa position par rapport aux muscles adjacents.

Les oiseaux disséqués dans cette étude sont répertoriés ci-dessous (dans l'ordre de la liste de contrôle de l'AOU) :

ESPÈCES

Vireo olivaceus (Linnaeus)
Seiurus motacilla (Vieillot)
Passer domesticus (Linnaeus)
Estrilda amandava (Linnaeus)
Poephila guttata (Reichenbach)
Icterus galbula (Linnaeus)
Molothrus ater (Boddaert)
Piranga rubra (Linnaeus)
Richmondena cardinalis (Linnaeus)
Guiraca caerulea (Linnae) nous)
Passerina cyanea (Linnaeus)
Spiza americana (Gmelin)
Hesperiphona vespertina (Cooper)
Carpodacus purpureus (Gmelin)

Pinicola énucléateur (Linnaeus)
Leucosticte tephrocotis (Swainson)
Spinus tristis (Linnaeus)
Loxia curvirostra Linnaeus
Chlorura chlorura (Audubon)
Pipilo erythrophthalmus (Linnaeus)
Calamospiza melanocorys Stejneger
Chondestes grammacus (Say)
Junco hyemalis (Linnaeus)
Spizella arborea (Wilson)
Zonotrichia querula (Nuttall)
Passerella iliaca (Merrem)
Calcarius lapponicus (Linnaeus)

Description des muscles

Les descriptions qui suivent sont celles des muscles de la patte du Tohi aux yeux rouges, *Pipilo erythrophthalmus* . Les différences entre les espèces, lorsqu'elles sont présentes, sont notées pour chaque muscle. Le terme cuisse est utilisé pour désigner le segment proximal de la jambe ; le terme crus est utilisé pour désigner le segment de la jambe immédiatement distal par rapport à la cuisse.

Musculus iliotrochantericus posticus (Fig. 2). — L' origine de ce muscle est charnue à partir de toute la surface latérale concave de l'ilion antérieur au cotyle. Les fibres convergent vers l'arrière et le muscle s'insère par un tendon court et large sur la surface latérale du fémur immédiatement distal par rapport au trochanter. C'est le plus gros muscle qui passe de l'ilium au fémur.

Action.—Déplace le fémur vers l'avant et le fait pivoter vers l'avant.

Comparaison.—Aucune différence significative n'a été constatée entre les espèces étudiées.

Musculus iliotrochantericus anticus (Fig. 3).—recouvert latéralement par le *m. iliotrochantericus posticus* , ce muscle mince a une origine charnue du bord antéroventral de l'ilion entre les origines du *m. sartorius* en avant et le *m. iliotrochantericus medius* en arrière. Eux . *iliotrochantericus anticus* est dirigé caudoventralement et s'insère par un tendon large et plat sur la surface antérolatérale du fémur entre les têtes du *m. femorotibialis externus* et *m. femorotibialis medius* et juste distal par rapport à l'insertion du *m. moyen iliotrochantérien* .

Action.—Déplace le fémur vers l'avant et le fait pivoter vers l'avant.

Comparaison.—Aucune différence significative n'a été constatée entre les espèces étudiées.

Musculus iliotrochantericus medius (Fig. 3). — Le plus petit des trois muscles *iliotrochantericus* , ce muscle en forme de bande a une origine charnue à partir du bord ventral de l'ilium juste en arrière de l'origine du *m. iliotrochantericus anticus* . Les fibres sont dirigées caudoventralement et l'insertion est tendineuse sur la face antérolatérale du fémur entre l' insertion des deux autres muscles *iliotrochantériens* .

Action.—Déplace le fémur vers l'avant et le fait pivoter vers l'avant.

Comparaison.—Aucune différence significative n'a été constatée entre les espèces étudiées.

Musculus iliacus (Fig. 4 , 5).—Découlant d'une origine charnue sur le bord ventral de l'ilium juste en arrière de l'origine du *m. iliotrochantericus medius* , ce petit muscle mince passe postéro-ventralement jusqu'à son insertion charnue sur la surface postéro-médiale du fémur juste à proximité de l'origine du *m. fémorotibial interne* .

Action.—Déplace le fémur vers l'avant et le fait pivoter vers l'arrière.

Comparaison.—Pas de différences significatives entre les espèces étudiées.

Musculus sartorius (Fig. 1 , 4).—Muscle long en forme de sangle, le *sartorius* forme le bord antérieur de la cuisse. L'origine est charnue, pour moitié du bord antérieur de l'ilium et de la crête dorsale médiane de cet os et pour moitié de la ou des deux vertèbres dorsales libres postérieures. L'insertion est charnue le long d'une ligne étroite sur le bord antéro-médial de la tête du tibia et sur la région médiale du tendon rotulien.

Action.—déplace la cuisse vers l'avant et vers le haut et étend la tige.

Comparaison.—Chez *Loxia* et *Spinus* , seulement un tiers de l'origine provient de la dernière vertèbre dorsale libre. Chez *Hesperiphona* , *Carpodacus* , *Pinicola* et *Leucosticte* , seulement un cinquième de l'origine provient de cette vertèbre.

Musculus iliotibialis (Fig. 1_). — Large et triangulaire, ce muscle recouvre la plupart des muscles profonds de la face latérale de la cuisse. La région médiane est fusionnée avec les muscles *fémorotibiaux sous-jacents* . Dans la moitié distale de ce muscle, il y a trois parties distinctes ; les bords antérieur et postérieur sont charnus et la partie centrale est aponévrotique. L'origine vient d'une ligne étroite le long des crêtes iliaques, de l'origine du *m. sartorius* , en avant, à l'origine du *m. semi-tendineux* en arrière. L'origine est aponévrotique en région préacétabulaire mais charnue en région postacétabulaire. La partie distale du muscle est aponévrotique et se joint aux muscles *fémorotibiaux* pour former le tendon rotulien. Ce tendon entoure la rotule et s'insère sur une ligne le long des bords proximaux des crêtes cnémiennes du tibiotarse.

Action.—étend les crus.

Comparaison.—Chez *Viréo,* la partie aponévrotique centrale de ce muscle est absente.

Musculus femorotibialis externus (Fig. 2_). — Couvrant les surfaces latérales et antérolatérales du fémur, ce gros muscle a une origine charnue à partir du bord latéral des trois quarts proximaux du fémur. L'origine sépare l'insertion du *m. iliotrochantericus anticus* de celui du *m. ischiofemoralis* et, à son tour, est séparé de l'origine du *m. femorotibialis medius* par les insertions du *m. iliotrochantericus anticus* et *m. moyen iliotrochantérien* . Approximativement à mi-chemin de la longueur du fémur, ce muscle fusionne antéro-sérieusement avec le *m. moyen fémorotibial* . Distalement, le *m. femorotibialis externus* contribue à la formation du tendon rotulien qui s'insère sur une ligne le long des bords proximaux des crêtes cnémiales du tibiotarse.

Action.—étend les crus.

Comparaison.—Aucune différence significative n'a été constatée entre les espèces étudiées.

Musculus femorotibialis medius (Figs. 2, 4). — L' origine de ce muscle, qui se situe le long du bord antérieur du fémur, est charnue sur toute la longueur du fémur, proximale jusqu'au niveau d'attache du bras proximal du biceps. boucle. Latéralement, ce muscle est complètement fusionné sur la majeure partie de sa longueur avec le *m. femorotibialis externus* et contribue à la formation du tendon rotulien, qui s'insère sur une ligne le long des bords proximaux des crêtes cnémiales du tibiotarse. De nombreuses fibres s'insèrent néanmoins sur le bord proximal de la rotule.

Action.—étend les crus.

Comparaison.—Aucune différence significative n'a été constatée entre les espèces étudiées.

Musculus femorotibialis internus (Fig. 4). — L'un des muscles les plus superficiels de la face médiale de la cuisse, ce muscle est divisé, surtout près de l'extrémité distale, en deux parties, latérale et médiale. L'origine de la partie latérale est charnue à partir d'une ligne sur la face médiale du fémur ; l'origine commence proximale à un point proche de l'insertion du *m. iliaque* . La partie médiale, la plus volumineuse, du muscle a une origine charnue sur la surface médiale du tiers inférieur du fémur. Les deux parties fusionnent en quelque sorte au-dessus des points d'insertion et s'insèrent sur le bord médial de la tête du tibia.

Action.—fait pivoter le tibia vers l'avant.

Comparaison.— Deux parties de ce muscle diversement fusionnées ; sinon, pas de différences significatives entre les espèces étudiées.

Musculus piriformis (Fig. 3). — Ce muscle est représenté uniquement par la *pars caudifémoralis* , la *pars iliofemoralis* étant absente chez les passereaux pour autant que l'on sache. La *pars caudifémoralis* est plate, quelque peu fusiforme et passe antéroventralement du pygostyle au fémur. L'origine est tendineuse à partir du bord antéroventral du pygostyle et l'insertion est semi-tendineuse sur la surface postéro-latérale de la diaphyse du fémur à environ un quart de sa longueur à partir de l'extrémité proximale.

Action.—déplace le fémur vers l'arrière et le fait tourner dans cette direction ; déplace la queue latéralement et l'abaisse.

Comparaison.—Aucune différence significative n'a été constatée entre les espèces étudiées.

Musculus semitendinosus (Fig. 2, 3, 5). — L'origine du bord postérieur extrême de la crête iliaque postérieure de l'ilion est charnue et aponévrotique à partir de la dernière vertèbre du synsacrum et des apophyses transverses de plusieurs vertèbres caudales. Le ventre en forme de sangle longe le bord postéro-latéral de la cuisse. Immédiatement en arrière du genou, le muscle est divisé transversalement par un ligament . La partie passant en avant du ligament est le *m. accessorius semitendinosi* (considéré ici comme une partie du *m. semitendinosus*) et est discuté ci-dessous. Le ligament se poursuit distalement en deux parties ; une partie s'insère sur la surface médiale de la *pars media* du *m. gastrocnémien* et l'autre partie fusionne avec le tendon d'insertion du *m. semi-membraneux* .

Eux . *accessorius semitendinosi* s'étend en avant du ligament mentionné ci-dessus jusqu'à une insertion charnue sur la surface postérolatérale du fémur immédiatement à proximité des condyles.

Action.—déplace le fémur vers l'arrière, fléchit le crus et aide à étendre le tarsométatarse.

Comparaison.—Aucune différence significative n'a été constatée entre les espèces étudiées.

Musculus semimembranosus (Fig. 3, 4, 5). — Ce muscle en forme de sangle passe le long de la face postéro-médiale de la cuisse. L'origine est semi-tendineuse le long d'une ligne sur l'ischion, depuis un point dorsal jusqu'au milieu de la fenêtre ischio-pubienne jusqu'à l'extrémité postérieure de l'ischion, et à partir d'une petite zone de la musculature abdominale postérieure à l'ischion. L'insertion se fait au moyen d'un tendon large et fin sur une crête sur la surface médiale du tibia, immédiatement distale de la tête de cet os. Le tendon d'insertion passe entre la tête de la *pars media* et *la pars interne* du *m. gastrocnémien* et est fusionné avec le tendon du *m. semi-tendineux* .

Action.—fléchit les crus.

Comparaison.—Aucune différence significative n'a été constatée entre les espèces étudiées.

Musculus biceps femoris (Fig. 2). — Long, fin et quelque peu triangulaire, ce muscle se situe sur le côté latéral de la cuisse, juste en dessous du *m. ilio-tibial* . Son origine provient d'une ligne le long des crêtes iliaques antérieure et postérieure sous l'origine du *m. ilio-tibial* . En avant de l' acétabulum, l'origine est aponévrotique et le bord de cette aponévrose passe au-dessus de l'extrémité proximale du fémur. L'origine postérieure au cotyle est charnue. Le point d'origine le plus antérieur est difficile à déterminer mais il se situe près du centre de la crête iliaque antérieure. Le point d'origine le plus postérieur est immédiatement dorsal à l'extrémité postérieure de la fenêtre ilio-ischiatique. Derrière le genou les fibres de ce muscle convergent pour former le tendon fort d'insertion qui passe par la boucle du biceps, sous le tendon d'origine du *m. flexor perforatus digiti II* et s'insère sur un petit tubercule sur le bord postéro-latéral du péroné au point de fusion tibia-péroné.

La boucle du biceps est tendineuse et son extrémité distale s'attache à une protubérance située sur le bord postéro-latéral du fémur, au bord proximal du condyle externe. L'extrémité proximale s'attache au bord antérolatéral du fémur immédiatement à proximité de l'extrémité distale de la boucle, qui s'étend en arrière du fémur. Le bras distal de cette boucle est relié au tendon d'origine du *m. fléchisseur perforant du doigt II* par un tendon fort.

Action.—fléchit les crus.

Comparaison.—Aucune différence significative n'a été constatée entre les espèces étudiées.

Musculus ischiofemoralis (Fig. 3). — Court et épais, ce muscle naît directement de la surface latérale de l'ischion entre la crête iliaque postérieure et la fenêtre ischiopubienne. La zone d'origine s'étend jusqu'au bord postérieur de l'ischion. L'insertion est tendineuse sur la face latérale du trochanter opposée à l'insertion du *m. moyen iliotrochantérien* .

Action.—déplace le fémur vers l'arrière et le fait pivoter dans cette direction.

Comparaison.—Aucune différence significative n'a été constatée entre les espèces étudiées.

Musculus obturator internus (Fig. 4, 7). — Situé à l'intérieur du bassin et recouvrant la surface médiale de la fenêtre ischiopubienne, se trouve ce muscle plat, penné, en forme de feuille. L'origine est charnue et vient de l'ischion et du pubis sur les bords de cette fenêtre ; aucune des fibres ne provient de la membrane tendue à travers la fenêtre. En avant, les fibres convergent et forment un tendon solide qui traverse le foramen obturateur et s'insère sur la surface postéro-latérale du trochanter du fémur.

Action.—fait pivoter le fémur vers l'arrière.

Comparaison.—Aucune différence significative n'a été constatée entre les espèces étudiées.

Musculus obturator externus (Fig. 7). — Court et charnu, ce muscle est constitué de deux parties difficilement séparables mais que l'on peut suivre sur toute sa longueur. Les parties sont plus distinctes à l'origine. La partie dorsale naît directement de l'ischion le long du bord dorsal du foramen obturateur. La plus grande partie ventrale naît directement des bords antérieur et ventral du foramen obturateur. Les fibres de la partie dorsale passent en avant, recouvrent le tendon du *m. obturateur interne* latéralement, et insérer sur le trochanter autour du point d'insertion de ce dernier muscle. Les fibres de la partie ventrale passent parallèlement au tendon du *m. obturateur interne* et insert sur le trochanter immédiatement distal et postérieur au tendon de ce dernier muscle.

Action.—fait pivoter le fémur vers l'arrière.

Comparaison.—Chez *Passer* , *Estrilda* , *Poephila* , *Hesperiphona* , *Carpodacus* , *Pinicola* , *Leucosticte* , *Spinus* et *Loxia* , ce muscle est indivis et, dans sa position, son origine et son insertion, ressemble à la partie ventrale du muscle bipartite décrit ci-dessus. L'origine vient des bords antérieur et ventral du foramen obturateur et l'insertion se fait sur le trochanter du fémur immédiatement distal et postérieur à l'insertion du *m. obturateur interne* . Dans tous les autres genres examinés, le muscle est bipartite. Chez *Chlorura,* la partie dorsale est plus grande et mieux développée que chez les autres genres.

Musculus adducteur longus et brevis (Fig. 3 , 4 , 5).—Constitué de deux parties distinctes en forme de sangle, ce gros muscle se trouve sur la surface médiale de la cuisse, en arrière du fémur.

La *pars anticus* a une origine semi-tendineuse sur une ligne qui s'étend en arrière du bord postéro-ventral du foramen obturateur jusqu'à un point à mi-chemin à travers la membrane qui recouvre la fenêtre ischio-pubienne. L'insertion est charnue le long de la face postérieure du fémur à partir du niveau de l'insertion du *m. piriforme* distalement par rapport à la surface médiale du condyle interne.

La *pars posticus* provient d'un tendon large et plat sur une ligne traversant la moitié postérieure de la membrane qui recouvre la fenêtre ischiopubienne. L'insertion se fait au point d'origine de la *pars media* du *m. gastrocnémien* sur la face postéro-médiale de l'extrémité proximale du condyle interne du fémur. Il existe une large connexion tendineuse avec l'extrémité proximale de la *pars media* du *m. gastrocnémien* . Le bord antérieur de la *pars posticus* est recouvert médialement par le bord postérieur de la *pars anticus* .

Action.—fléchit la cuisse ; peut également fléchir les crus et étendre le tarsométatarse.

Comparaison.—Chez *le Vireo olivaceous* , l'origine de ce muscle ne s'étend pas sur la longueur de la fenêtre ischiopubienne. De plus, l'origine se situe le long du bord dorsal de la fenêtre ischio-pubienne et non de la membrane recouvrant la fenêtre. Enfin, chez cette espèce, l'origine de la *pars posticus* est charnue.

Musculus tibialis anticus (Fig. 2 , 5). — Situé le long du bord antérieur du crus, une partie de ce muscle est recouverte par le *m. long péronier* . L'origine est de deux têtes distinctes, chacune pennée. La tête antérieure naît directement des bords des crêtes cnémiales externe et interne. La tête postérieure naît d'un tendon court et fort provenant d'une petite fosse située sur le bord antérodistal du condyle externe du fémur. Ce tendon et l'extrémité proximale du muscle passent entre la tête du péroné et la crête cnémiale externe. Les deux têtes du muscle fusionnent à un endroit légèrement supérieur à la moitié de la distance le long des crus. A l'extrémité distale du crus, ce muscle donne naissance à un tendon fort qui passe sous une anse fibreuse immédiatement proximale au condyle externe en compagnie du *m. extensor digitorum longus* et qui passe entre les condyles du tibia et s'insère sur un tubercule sur le bord antéro-médial de l'extrémité proximale du tarsométatarse.

Action.—fléchit le tarsométatarse.

Comparaison.—Aucune différence significative n'a été constatée entre les espèces étudiées.

Musculus extensor digitorum longus (Fig. 3 , 5 , 8). — Mince et penné, ce muscle se situe le long de la surface antéro-médiale du tibia. L'origine est charnue et provient de la majeure partie de la région située entre les crêtes cnémiales et d'une ligne le long de la surface antérieure du quart proximal du tibia. Sur environ les deux tiers de la distance le long des crus, le muscle donne naissance au tendon d' insertion qui traverse la boucle fibreuse près de l'extrémité distale du tibia en compagnie du *m. tibial anticus* . Le tendon passe ensuite sous le pont supratendinal à l'extrémité distale du tibia, traverse la fosse intercondylienne antérieure et passe sous un pont osseux sur la surface antéromédiale de l'extrémité proximale du tarsométatarse. Le tendon continue le long de la surface antérieure du tarsométatarse jusqu'à un point immédiatement au-dessus de la base des orteils et donne là naissance à trois branches, une sur la surface antérieure de chaque orteil antérieur. Les insertions de chaque branche se trouvent sur les surfaces antérieures des phalanges comme le montre la Fig. 8 .

Action.—étend les avant-pieds.

Comparaison.—Ce muscle est faiblement développé chez *Leucosticte* et *Calvarius* ; le ventre est grêle et ne descend qu'à mi-hauteur des crus avant de donner naissance au tendon d'insertion. La signification fonctionnelle de cette variation est difficile à comprendre. La convergence des schémas musculaires montrée par ces deux genres est cependant selon toute probabilité le résultat de similitudes dans les schémas de comportement. Ces oiseaux se perchent moins fréquemment que les autres oiseaux étudiés. Ainsi, les orteils ne sont ni fléchis ni étendus aussi souvent ; la plus petite taille du *m. L' extensor digitorum longus* peut être dû en partie à cette activité réduite . À l'exception des variations que nous venons de noter, il n'y a pas de différences significatives entre les espèces étudiées ; même les modèles d'insertion plutôt complexes sont identiques.

Musculus peroneus longus (Fig. 1).— Relativement fin et en forme de sangle, ce muscle repose sur la face antérolatérale des crus et est intimement attaché aux muscles sous-jacents. La partie de l'origine partant des bords proximaux des crêtes cnémiales interne et externe est semi-tendineuse mais la partie de l'origine partant du bord latéral de la diaphyse du péroné est tendineuse. Environ aux deux tiers de la distance le long des crus, le muscle donne naissance au tendon d'insertion. Immédiatement au-dessus du condyle externe du tibiotarse, ce tendon se divise. La branche postérieure s'insère sur l'extrémité proximale du bord latéral du cartilage tibial. La branche antérieure passe par la face latérale du condyle externe jusqu'à la face postérieure du tarsométatarse et s'y unit au tendon du *m. fléchisseur perforant des doigts III* .

Action.—étend le tarsométatarse et fléchit le troisième chiffre.

Comparaison.—Aucune différence significative n'a été constatée entre les espèces étudiées.

Musculus peroneus brevis (Fig. 2 , 3).—Situé le long de la surface antérolatérale du tibia, ce muscle mince et penné naît d'une origine charnue le long de cette surface et le long de la surface antérieure du péroné à partir d'un point immédiatement proximal à l'insertion. d' *eux. biceps fémoral* jusqu'à un point situé à environ les deux tiers de la hauteur des crus. Près de l'extrémité distale du tibia, le muscle donne naissance au tendon d'insertion qui traverse une rainure située sur le bord antérolatéral du tibia, juste au-dessus du condyle externe. Ici le tendon est maintenu en place par une large anse fibreuse et passe sous la branche antérieure du tendon d'insertion du *m. long péronier* et des inserts sur une proéminence sur le bord latéral de l'extrémité proximale du tarsométatarse.

Action.—étend le tarsométatarse et peut l'enlever légèrement.

Comparaison.—Aucune différence significative n'a été constatée entre les espèces étudiées.

Musculus gastrocnemius (Fig. 1, 4). — Muscle le plus gros de l'appendice pelvien, il recouvre superficiellement toute la face postérieure, la majeure partie de la face médiale et la moitié de la face latérale des crus. Le muscle provient de trois têtes distinctes.

La *pars externe* recouvre la surface postéro-latérale de la crus, est de taille intermédiaire entre les deux autres têtes et naît d'un tendon court et fort à partir d'une petite protubérance osseuse sur le côté postéro-latéral de l'extrémité distale du fémur immédiatement à proximité du péroné. condyle. Le tendon est intimement lié au bras distal de la boucle du *m. biceps fémoral* .

La *pars media* est la plus petite des trois têtes et se trouve sur la surface médiale des crus. Le chef des *médias pars* est séparé de la *pars interne* par le tendon d'insertion du *m. semimembranosus* et provient d'un tendon court et fort de la surface postéro-médiale de l'extrémité proximale du condyle interne du fémur. La partie proximale de la *pars media* a des connexions tendineuses avec le tendon du *m. semitendinosus* et avec la *pars posticus* du *m. adducteur long et court* .

La *pars interne* est la plus grande des trois têtes et couvre la majeure partie de la surface médiale des crus. Cette tête, dans sa partie proximale, est distinctement divisée en parties antérieure et postérieure, la première chevauchant la seconde médialement. L'origine de la partie postérieure est charnue à partir de la moitié antérieure de la tête tibiale. Certaines des fibres de la partie antérieure proviennent directement de la crête cnémiale interne tandis que les fibres restantes proviennent du tendon rotulien (Fig. 1) et forment une bande qui s'étend autour de la surface antérieure du genou, recouvrant l'insertion du *m. Sartorius* .

A peu près à mi-hauteur des crus, les trois têtes donnent naissance au tendon d'insertion, le *tendon d'Achille* , qui passe au-dessus et est étroitement lié à la face postérieure du cartilage tibial. L'insertion est tendineuse sur la face postérieure de l'hypotarse et le long de la crête postérolatérale du tarsométatarse. Ce tendon semble être en continuité avec un fascia qui forme une gaine autour de la face postérieure du tarsométatarse maintenant fermement les autres tendons de cette région dans le sillon postérieur.

Action.—étend le tarsométatarse.

Comparaison.—L'étude de la *pars externa* et *de la pars media* ne révèle aucune différence significative entre les espèces disséquées. La *pars interna* est cependant sujette à certaines variations décrites ci-dessous.

Pars interne bipartite

Viréo	*Chlorura*
Seiurus	*Pipilo*
Icterus	*Calamospiza*
Molothrus	*Chondestes*
Piranga	*Junco*
Richmondena	*Spizella*
Guiraca	*Zonotrichia*
Passerina	*Passerella*
Spiza	*Calcarius*

Les deux parties du *m. gastrocnemius* sont les plus distincts chez *les Viréo* . *Icterus* , *Molothrus* , *Richmondena* , *Guiraca* et *Passerina* n'ont pas la bande fibreuse qui passe autour de l'avant du genou. Chez *Spiza*, cette bande de fibres est plus petite que chez les autres espèces.

Pars interne indivise

Passer	
Estrilda	*Pinicola*
Poephila	*Leucosticte*
Hesperiphona	*Spinus*
Carpodacus	*Loxia*

Dans *Leucosticte* , bien que la *pars interne* soit indivise, il existe une bande de fibres qui s'étend autour de l'avant du genou (voir discussion, p. 183).

Musculus plantaris (Fig. 5).—Petit et élancé, ce muscle se trouve sur la surface postéro-médiale des crus, sous la *pars interne* du *m. gastrocnémien* et provient de fibres charnues provenant de la surface postéro-médiale de l'extrémité proximale du tibia, immédiatement distale de la surface articulaire interne. Le ventre s'étend sur environ un sixième de la longueur du crus et donne naissance à un tendon long et mince qui s'insère sur le bord proximomédial du cartilage tibial.

Action.—étend le tarsométatarse.

Comparaison.—Aucune différence significative n'a été constatée entre les espèces étudiées.

Musculus flexor perforatus digiti II (Fig. 3 , 9). — Il s'agit d'un muscle mince qui se trouve sur la face latérale des crus, sous la *pars externe* du *m. gastrocnémien* et est intimement relié antéro-médialement au *m. long fléchisseur des doigts* et postéro-médialement avec le *m. long fléchisseur de l'hallux* . L'origine est par un tendon fort de la surface latérale du condyle externe du fémur au point d'origine du *m. fléchisseurs perforants et perforatus digiti* II . Ce tendon sert aussi d'origine à la tête antérieure du *m. long fléchisseur de l'hallux* . Le tendon se connecte également par une large bande tendineuse au bras distal de l'anse pour le *m. biceps fémoral* et par une bande similaire avec le bord latéral du péroné immédiatement distal par rapport à la tête. Le tendon d'insertion passe distalement, perce le cartilage tibial près de son bord latéral, traverse le canal médial moyen de l'hypotarse (Fig. 6) et passe distalement jusqu'au pied. À l'extrémité distale du tarsométatarse, le tendon est maintenu contre la surface médiale du premier métatarsien par une gaine en forme de sangle. Le tendon passe ensuite sur un os sésamoïde entre le premier métatarsien et la base du deuxième doigt et est lié à cet os par une gaine. Le tendon s'insère principalement le long du bord postéro-médial de l'extrémité proximale de la première phalange du deuxième doigt, bien que la terminaison soit en forme de gaine et recouvre toute la surface postérieure de cette phalange. Cette terminaison en forme de gaine est perforée par les tendons du *m. fléchisseur perforant et perforatus digiti* II et la branche du *m. fléchisseur long des doigts* qui s'insère sur le deuxième chiffre.

Action.—fléchit le deuxième chiffre.

Comparaison. —Chez *Vireo,* ce muscle est plus gros et plus profondément situé que chez les autres espèces examinées et n'a aucun rapport avec le *m. long fléchisseur de l'hallux* .

Musculus flexor perforatus digiti III (Fig. 5). — Long et aplati, ce muscle se situe sur la face postéro-médiale des crus sous le *m. gastrocnémien* . Le ventre est étroitement fusionné latéralement avec le ventre du *m. fléchisseur de l'hallucis longus* et en arrière avec le ventre du *m. fléchisseur perforant des doigts* IV . L'origine est un tendon long et fort provenant d'un petit tubercule juste à l'intérieur et à l'extrémité proximale du condyle externe du fémur. Au-dessous du milieu du crus, ce muscle se termine par un tendon puissant qui perce le cartilage tibial près de son bord latéral. Dans cette région, le tendon ressemble à une gaine et s'enroule autour du tendon du *m. fléchisseur perforant* *des doigts IV* . Ces deux tendons traversent ensemble le canal postérolatéral de l'hypotarse (Fig. 6). Immédiatement distal par rapport à l'hypotarse, les deux tendons se séparent et le tendon du *m. le fléchisseur perforant du doigt III* reçoit une branche du tendon du *m. long péronier* . Le tendon passe distalement sur la surface de la deuxième trochlée et son insertion se fait en forme de gaine sur la face postérieure de la première phalange et sur l'extrémité proximale de la seconde. Dans la zone d' insertion, ce tendon est perforé par celui du *m. fléchisseurs perforants et perforatus digiti III* et par celui du *m. long fléchisseur des doigts* jusqu'au troisième chiffre.

Action.—fléchit le chiffre III.

Comparaison.—Chez *Passer* , *Estrilda* , *Poephila* , *Hesperiphona* , *Carpodacus* , *Pinicola* , *Leucosticte* , *Spinus* et *Loxia*, les bords du tendon en forme de gaine sont épaissis aux points d'insertion, de sorte que le tendon semble avoir deux branches qui s'insèrent le long de la partie postérolatérale. bords de la première phalange et sont reliés médialement par un fascia.

Musculus flexor perforatus digiti IV (Fig. 3).—S'étendant le long du bord postérieur des crus, ce muscle mince se trouve sous le *m. gastrocnémien* . Le ventre est fusionné avec ceux du *m. long fléchisseur de l'hallux* et *m. fléchisseur perforant des doigts III* . Son origine est charnue de la région intercondyloïde de l'extrémité distale du fémur et présente quelques fibres issues du tendon d'origine du *m. fléchisseur perforant des doigts III* . Près de l'extrémité distale du crus, le muscle donne naissance au fort tendon d'insertion qui perce le cartilage tibial près de son bord latéral et, dans cette région, est enveloppé par le tendon du *m. fléchisseur perforant des doigts III* . Les deux tendons passent ensemble par le canal postéro-latéral de l'hypotarse (Fig. 6). Le tendon continue distalement le long du tarsométatarse et de la surface postérieure du chiffre IV. Le tendon bifurque approximativement au milieu de la première phalange. Une courte branche latérale s'insère sur le bord postérolatéral de l'extrémité proximale de la deuxième phalange. La longue branche médiale est perforée par une branche du *m. long fléchisseur des doigts* ; l'extrémité distale est aplatie, présente des bords épaissis et s'insère sur les surfaces postérieures de l'extrémité distale de la deuxième phalange et sur l'extrémité proximale de la troisième phalange.

Action.—fléchit le chiffre IV.

Comparaison.—Aucune différence significative n'a été constatée entre les espèces étudiées.

Musculus flexor perforans et perforatus digiti II (Figs. 2 , 9). — Petit et fusiforme, ce muscle se trouve sur la face postéro-latérale des crus immédiatement sous la *pars externe* du *m. gastrocnémien* . L'origine est charnue et surgit en compagnie du *m. fléchisseur perforant et perforatus digiti III* à partir d'un point de la surface postérolatérale de l'extrémité distale du fémur entre le point d'origine de la *pars externe* du *m. gastrocnémien* et le condyle fibulaire. Le ventre s'étend sur environ un quart de la longueur du crus et donne naissance au tendon d' insertion qui traverse distalement et superficiellement le bord postérieur du cartilage tibial. Le tendon traverse le canal postéro-médial de l'hypotarse (Fig. 6) et continue le long de la face postérieure du tarsométatarse. Entre le premier métatarsien et la base du deuxième doigt, le tendon est entouré par la surface médiale d'un os sésamoïde. Ce tendon perce alors celui du *m. flexor perforatus digiti II* au niveau de la première phalange et est à son tour perforé par le tendon du *m. long fléchisseur des doigts* à l'extrémité proximale de la deuxième phalange. L'insertion se fait sur la face postérieure de la deuxième phalange.

Action.—fléchit le chiffre II.

Comparaison.—Chez *Passer* , *Estrilda* , *Poephila* , *Hesperiphona* , *Carpodacus* , *Pinicola* , *Leucosticte* , *Spinus* et *Loxia* , la partie proximale de ce muscle est plus intimement liée au bord postérieur du *m. flexor perforans et perforatus digiti III* que chez les autres espèces examinées.

Musculus flexor perforans et perforatus digiti III (Fig. 2). — Long et penné, ce muscle se trouve sur la surface latérale des crus sous le *m. péronier long* et *pars externe* du *m. gastrocnémien* . Il y a deux têtes distinctes. L'origine de la tête antérieure est charnue à partir du bord proximal de la crête cnémiale externe et du bord interne de l'extrémité distale du tendon rotulien. La tête postérieure naît par un tendon du fémur en compagnie du *m. fléchisseur perforant et perforatus digiti II* , est lié également au tendon d'origine du *m. fléchisseur perforant des doigts II* et est faiblement attaché à la tête du péroné. Les fibres du ventre du muscle s'attachent sur toute sa longueur au bord latéral du péroné, et le muscle est également étroitement fusionné avec les muscles adjacents. Le tendon d'insertion est formé environ à mi-chemin de la crue. Le tendon perce la face postérieure du cartilage tibial et traverse le canal postéro-médial de l'hypotarse (Fig. 6). A la base du troisième doigt le tendon enveloppe celui du *m. le long fléchisseur des orteils* et les deux ensemble perforent le tendon du *m. fléchisseur perforant des doigts III* . Immédiatement distal par rapport à cette perforation, le tendon du *m. fléchisseur perforant et perforatus digiti III* cesse d'envelopper celui du *m. long fléchisseur des doigts* . Ce dernier passe au-dessous de celui du premier. Près de l'extrémité distale de la deuxième phalange, le tendon du *m. le long fléchisseur des orteils* perce celui du *m. fléchisseurs* *perforants et perforatus digiti III* . Cette dernière s'insère sur la face postérieure de l'extrémité distale de la deuxième phalange et de l'extrémité proximale de la troisième.

Action.—fléchit le chiffre III.

Comparaison.—Chez *Passer* , *Estrilda* et *Poephila* , et chez tous les pinsons carduélins examinés, la partie proximale de ce muscle est plus intimement liée au bord antérieur du *m. flexor perforans et perforatus digiti II* que chez les autres espèces examinées.

Musculus flexor digitorum longus (Fig. 3 , 5). — Ce muscle penné fort est profondément situé le long des surfaces postérieures du tibia et du péroné. Il existe deux chefs d'origine distincts. La tête latérale naît au moyen de fibres charnues du bord postérieur de la tête du péroné. La tête médiale naît au moyen de fibres charnues de la région située sous les surfaces articulaires externes et internes en forme de rebord de l'extrémité proximale du tibia. Aucune des deux têtes n'a de lien avec le fémur, contrairement à la condition décrite par Hudson (1937 : 46-47) chez le corbeau, *Corvus brachyrhynchos* , et chez le corbeau, *Corvus corax* . Près du point d'insertion du *m. biceps fémoral,* les deux têtes fusionnent. Le ventre commun est attaché par des fibres charnues à la surface postérieure du tibia et du péroné sur les deux tiers de la distance le long des crus. Près de l'extrémité distale du crus, le muscle se termine par un tendon puissant qui traverse profondément le cartilage tibial et traverse le canal antéro-médian de l'hypotarse (Fig. 6). Vers le milieu du tarsométatarse, ce tendon s'ossifie. Immédiatement au-dessus de la base des orteils, il donne naissance à trois branches, une à la face postérieure de chacun des orteils antérieurs. Ces branches perforent les autres muscles fléchisseurs des orteils comme décrit dans les récits de ces muscles et s'insèrent comme suit : La branche du chiffre II s'insère sur la base de la phalange unguéale et par un gros glissement tendineux sur l'extrémité distale du deuxième. phalange (Fig. 9). La branche au chiffre III s'insère sur la base de l'extrémité distale de la troisième phalange et un glissement plus fort vers l'extrémité distale de la deuxième ou extrémité proximale de la troisième. La branche du chiffre IV s'insère à la base de la phalange unguale, avec un glissement tendineux à l'extrémité distale de la troisième phalange et un autre à l'extrémité distale de la quatrième.

Action.—fléchit les pieds antérieurs.

Comparaison.—Aucune différence significative n'a été constatée entre les espèces étudiées.

Musculus flexor hallucis longus (Fig. 3).—Situé immédiatement en arrière du *m. long fléchisseur des doigts* , le ventre de ce gros muscle penné est intimement relié en avant à celui du *m. fléchisseur perforant des doigts II* . Eux . *le long fléchisseur de l'hallux* naît de deux têtes séparées par le tendon d'insertion du *m. biceps fémoral* . La plus petite tête antérieure provient du même tendon que le *m. fléchisseur perforant des doigts II* . La plus grande tête postérieure naît au moyen de fibres charnues de la région intercondyloïde de la surface postérieure du fémur avec le *m. fléchisseur perforant des doigts III* et *IV* . Les deux têtes se rejoignent juste en aval du point d'insertion du *m. biceps fémoral* . Il n'y a aucune trace d'une bande tendineuse reliant les deux têtes comme chez le corbeau et le corbeau (Hudson, 1937 : 49). Près de l'extrémité distale de la tige, le muscle donne naissance à un tendon puissant qui perce le cartilage tibial le long de son bord latéral et traverse le canal antérolatéral de l'hypotarse (Fig. 6). Le tendon traverse la surface médiale du tarsométatarse, passe distalement et perce le tendon en forme de gaine du *m. court fléchisseur de l'hallucis* entre le premier métatarsien et la trochlée pour le chiffre II. Le tendon continue le long de la face postérieure de l'hallux et présente une double insertion ; le tendon principal s'attache à la base de la phalange unguéale et une branche plus petite s'insère à l'extrémité distale de la phalange proximale.

Action.—fléchit l'hallux.

Comparaison.—Chez *Viréo*, ce muscle n'a que la tête d'origine postérieure et n'est pas relié au *m. fléchisseur perforant des doigts II* . Le muscle est proportionnellement plus petit et plus faible que chez toutes les autres espèces étudiées.

Musculus extensor hallucis longus (Fig. 4). — Un des plus petits muscles de la jambe, l'origine est charnue à partir du bord antéro-médian de l'extrémité proximale du tarsométatarse. Le ventre est long et mince et se termine distalement par un tendon mince qui passe distalement le long des surfaces postérieures du premier métatarsien et du premier doigt. L'insertion se fait à la base de la phalange unguéale. Près de l'extrémité distale de la phalange proximale, le tendon passe entre deux bandes épaisses de tissu fibro-élastique qui s'insèrent également sur la phalange unguéale. Ces bandes de tissus fonctionnent comme des extenseurs automatiques de la griffe.

Action.—étend l'hallux ; l'action doit être légère.

Comparaison.—Chez *Viréo*, ce muscle est proportionnellement plus gros et mieux développé que chez aucune des autres espèces examinées.

Musculus flexor hallucis brevis (Fig. 4). — Ce petit muscle a une origine charnue à partir de la surface médiale de l'hypotarse. Le ventre court se termine par un tendon faible et mince qui descend le long de la surface postéro-médiale du tarsométatarse et dans l'espace entre le premier métatarsien et la trochlée pour le chiffre II. Dans cette région, le tendon enveloppe le tendon du *m. long fléchisseur de l'hallux* et inserts sur l'extrémité distale du premier métatarsien et sur l'extrémité proximale de la première phalange du premier doigt.

Action.—fléchit l'hallux ; l'action doit être légère.

Comparaison.— La petite taille de ce muscle le rend extrêmement difficile à étudier. Le muscle est plus gros chez *le Viréo* que chez toutes les autres espèces examinées. Cela peut être corrélé à la plus petite taille du *m. fléchisseur de l'hallucis longus* chez cette espèce. Le muscle ne semble pas aussi bien développé chez les pinsons carduélins que chez les autres espèces.

Musculus abductor digiti IV (Fig. 2). — Extrêmement petit, délicat et difficile à démontrer, ce muscle naît d'une origine charnue immédiatement sous le bord postérieur du cotyle externe du tarsométatarse. Le tendon d'insertion est long et mince et s'insère le long du bord latéral de la première phalange du chiffre IV.

Action.—enlève le chiffre IV.

Comparaison.—Aucune différence significative n'a été constatée entre les espèces étudiées.

Musculus lumbricalis. — Semitendineux sur toute sa longueur, ce muscle naît du tendon ossifié du *m. long fléchisseur des doigts* en un point immédiatement proximal à la ramification de ce tendon. L'insertion se fait sur les poulies et capsules articulaires à la base des troisième et quatrième chiffres.

Action.—Hudson (1937 :57) déclare que : « Meckel (*vide* Gadow—1891, p. 204) considérait ce muscle comme servant à tirer la poulie articulaire vers l'arrière afin de la protéger du pincement lors de la flexion des orteils. a peut-être aussi tendance à fléchir les troisième et quatrième chiffres.

Comparaison.—Aucune différence significative n'a été constatée entre les espèces étudiées.

Discussion des investigations myologiques

Simpson (1944 : 12) et d'autres ont souligné que différentes parties des organismes évoluent à des rythmes différents. Beecher (1951b : 275), en déclarant que « ... le membre postérieur présente une structure musculaire très similaire dans l'ensemble de l'Ordre des Passériformes et semble être devenu relativement statique après avoir atteint un niveau élevé d'efficacité générale » implique que la structure musculaire de la jambe doit être une évolution de longue date et lente. Ce concept a été souligné par Hudson (1937) qui n'a trouvé que peu de variations dans la structure musculaire des membres de plusieurs familles de passereaux. Le concept est encore confirmé par la présente enquête. Les schémas complexes d'origine et d'insertion semblent rester presque les mêmes tout au long de l'ordre malgré le rayonnement adaptatif qui s'est produit.

Cependant, deux différences majeures dans les modèles de musculature des pattes ont été trouvées parmi les espèces étudiées, et ces différences sont significatives car elles sont cohérentes entre les sous-familles. Les muscles impliqués sont les *m. l'obturateur externe* et la *pars interne* du *m. gastrocnémien* .

Eux . *l'obturator externus* est bipartite, constitué de parties dorsale et ventrale, chez les espèces de passereaux étudiées par Hudson (1937) et chez toutes les espèces examinées par moi, à l'exception des plocéides et des pinsons carduélins. Chez les plocéides et les carduélins , ce muscle est indivis et ne ressemble dans sa position, son origine et son insertion qu'à la partie ventrale du muscle trouvé chez les autres oiseaux étudiés. Il est difficile d'imaginer quel avantage ou quel inconvénient pourrait être associé à la condition bipartite ou indivise. L'action de ce muscle est de faire tourner le fémur (fémur droit dans le sens des aiguilles d'une montre, fémur gauche dans le sens inverse des aiguilles d'une montre), et la plus grande masse du muscle bipartite pourrait certainement conférer une plus grande force à une telle action. La signification possible de cela est discutée ci-dessous.

Liste des abréviations utilisées dans les figures

Abd. creuser . IV

M. ravisseur digiti IV

Acc.

M. accessorius semitendinosi

Ajouter. long .

M. adducteur long et court

Antérolat. peut . Canal antérolatéral de l'hypotarse

Antéromed. peut . Canal antéromédial de l'hypotarse

Bic. fem.

M. biceps fémoral

Bic. boucle Boucle pour

m . biceps fémoral

Poste lit bébé. Cotyle externe

Poste creuser. 1 .

M. extenseur des doigts long

Poste hal. 1 .

M. extenseur long de l'hallux

Fem. tib. poste.

M. femorotibialis externe

Fem. tib. int.

M. femorotibialis interne

Fem. tib. méd .

M. femorotibialis moyen

F. creuser. 1 .

M. long fléchisseur des doigts

F. hal. brev.

M. court fléchisseur de l'hallucis

F. hal. 1.

M. long fléchisseur de l'hallux

F.p. et PDII

M. fléchisseur perforant et perforatus digiti II

F.p. et pdIII

M. fléchisseur perforant et perforatus digiti III

F. par. d. II

M. fléchisseur perforé des doigts II

F. par. d. III

M. fléchisseur perforant digiti III

F. par. d. IV

M. fléchisseur perforant digiti IV

Gaz.

M. gastrocnémien

Iliaque

M. iliaque

Il. tib.

M. iliotibialis

Il. troc. fourmi.

M. iliotrochantericus anticus

Il. troc. méd .

M. iliotrochantericus moyen

Il. troc. poste .

M. iliotrochantericus posticus

Int. lit bébé. Cotyle interne

Isch. fem.

M. ischiofémoralis

Milieu. peut . Canal médial de l'hypotarse

Obt. poste.

M. obturateur externe

Obt. int.

M. obturateur interne

P. fourmi.

Pars anticus

P. ext.

Pars externe

P. int.

Pars interne

P. méd.
Médias Pars

P. poste.
Pars posticus

Par. brev.
M. péronier court

Par. long.
M. péronier long

Pirif.
M. piriforme

Plan.
M. plantaris

Postérolat. peut . Canal postérolatéral de l'hypotarse

Postéromé. peut . Canal postéro-médial de l'hypotarse

Sar .
M. Sartorius

Semim.
M. semimembraneux
Semit.
M. semitendinosus

Tib. fourmi .

M. tibialis anticus

Tib. Chariot . Cartilage tibial

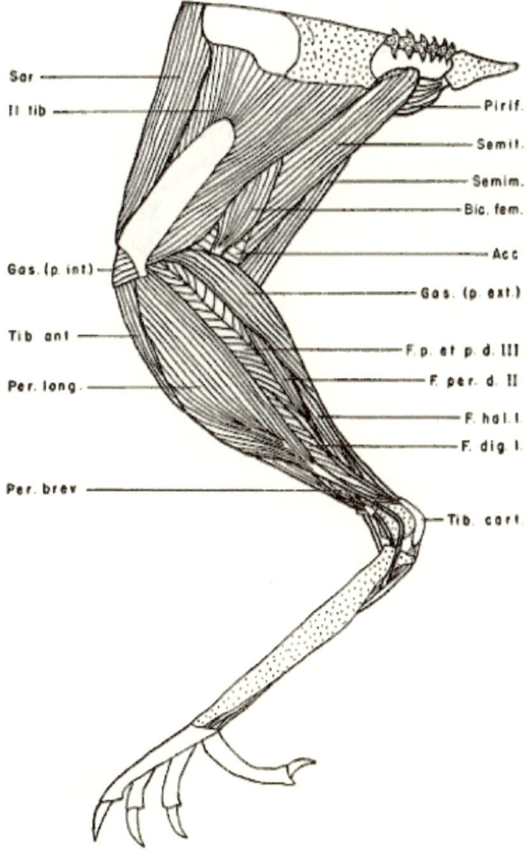

FIG. 1. *Pipilo érythrophtalmique.* Vue latérale des muscles superficiels de la jambe gauche, × 1,5.

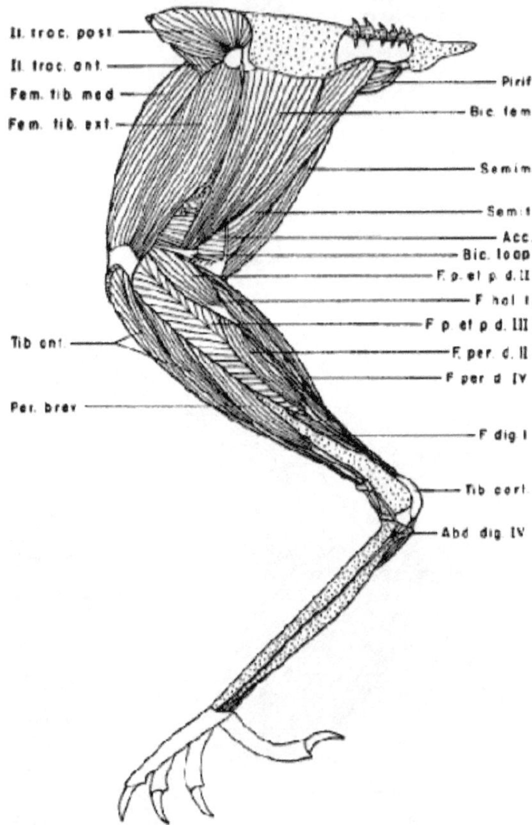

FIGURE 2. *Pipilo érythrophtalmique*. Vue latérale de la jambe gauche montrant un ensemble de muscles plus profonds. Les muscles superficiels *ilio-tibial* , *couturier* , *gastrocnémien* et *péronier long* ont été retirés, × 1,5.

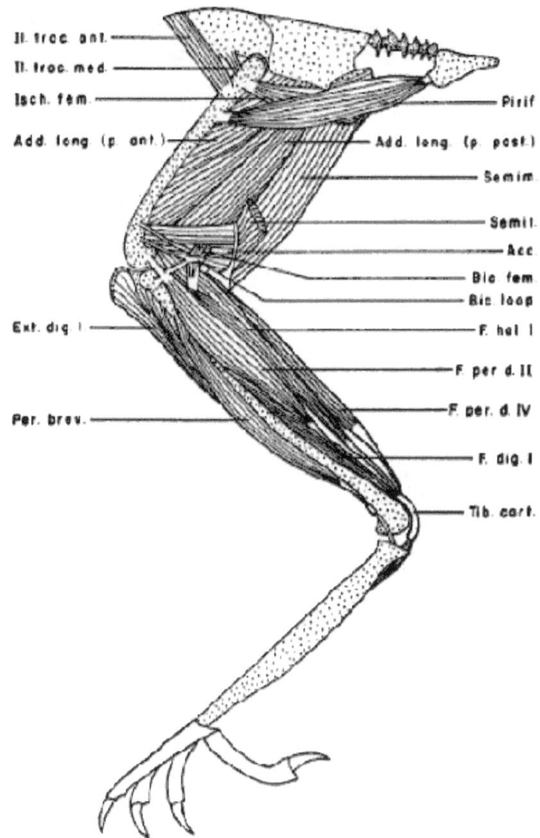

FIGURE 3. *Pipilo érythrophtalmique.* Vue latérale de la jambe gauche montrant les muscles encore plus profonds. En plus de ceux répertoriés pour la figure <u>2</u>, les muscles suivants ont été totalement ou partiellement retirés : *iliotrochantericus posticus* , *femorotibialis externus* , *femorotibialis medius* , *biceps femoris* , *semitendinosus* , *tibialis anticus* , *fléchisseur perforant et perforatus digiti* II , et *fléchisseur perforant et perforatus digiti* III. , × 1,5.

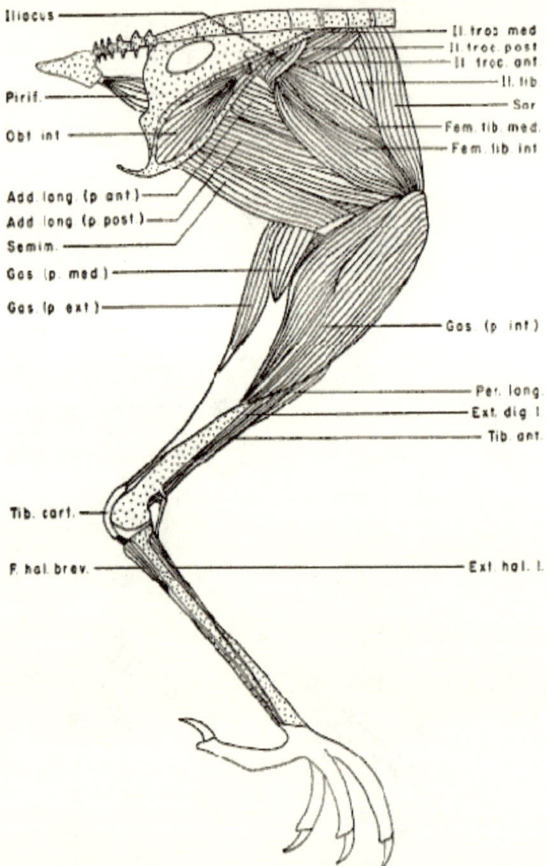

FIGURE 4. *Pipilo érythrophtalmique.* Vue médiale des muscles superficiels de la jambe gauche, × 1,5.

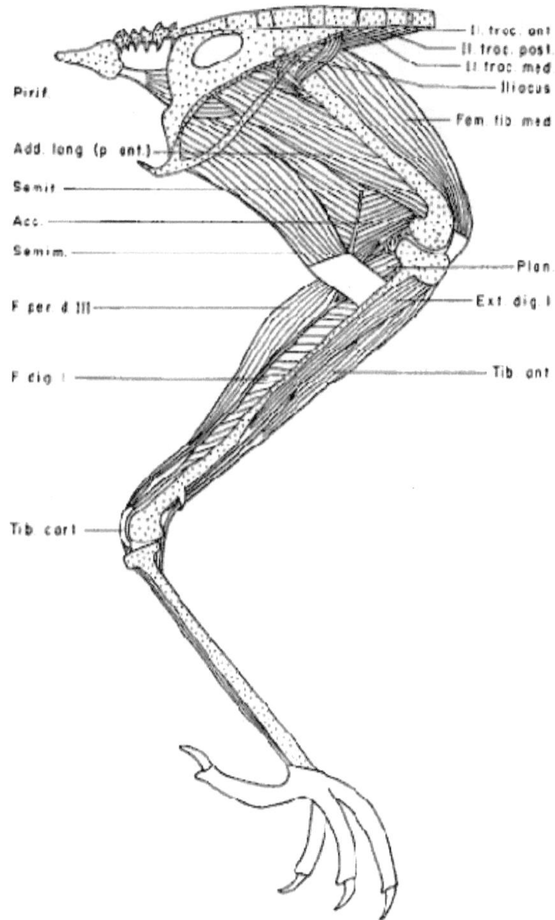

FIGURE 5. *Pipilo érythrophtalmique.* Vue médiale de la jambe gauche montrant un ensemble de muscles plus profonds que ceux visibles sur la figure 4. Les muscles superficiels suivants ont été retirés : *ilio-tibial* , *couturier* , *fémorotibial interne* , *obturateur interne* , *adducteur long (pars posticus)* , *gastrocnémien* et *long péronier* , × 1,5.

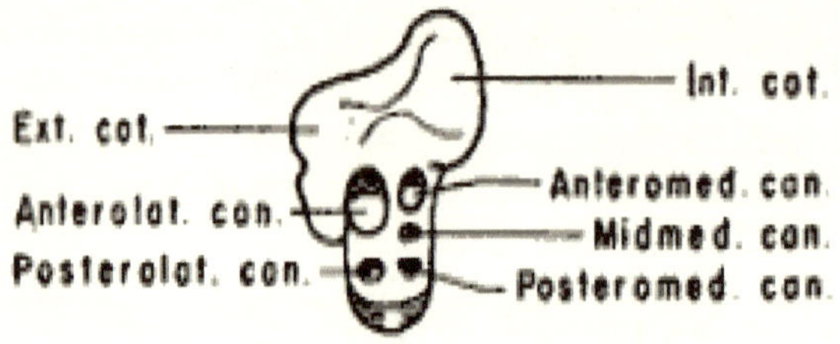

Figure 6

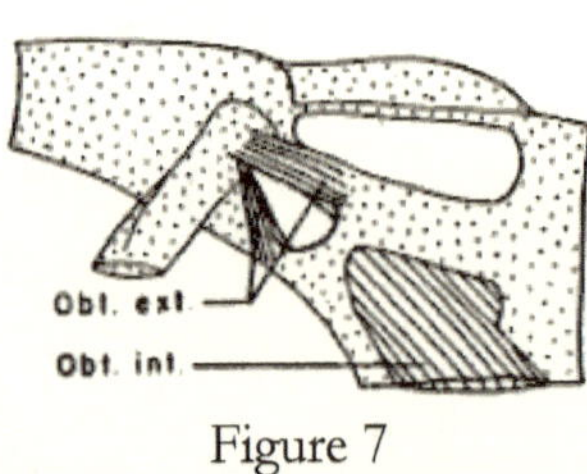

Figure 7

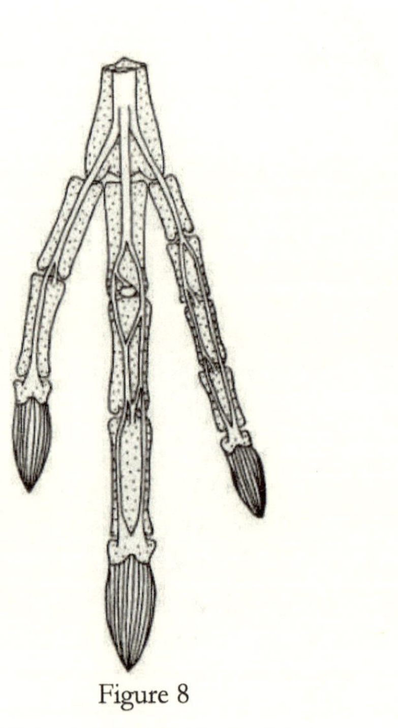

Figure 8

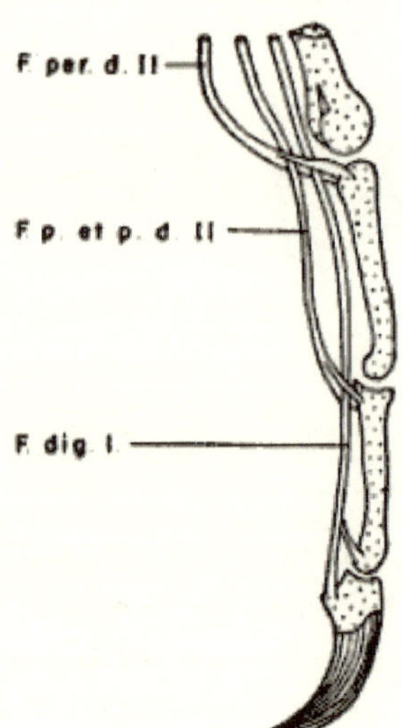

Figure 9

FIGURE 6. *Pipilo érythrophtalmique.* Extrémité proximale du tarsométatarse gauche et de l'hypotarse, × 4.

FIGURE 7. *Pipilo érythrophtalmique.* Vue latérale de l'extrémité proximale du fémur gauche et d'une partie du bassin, × 3,5.

FIGURE 8. *Pipilo érythrophtalmique.* Surfaces supérieures des phalanges des orteils antérieurs du pied gauche montrant les insertions du *M. extensor digitorum longus* , × 3.

FIGURE 9. *Pipilo érythrophtalmique.* Vue médiale du deuxième doigt du pied gauche, montrant les insertions des muscles fléchisseurs, × 3.

La division de la *pars interne* du *m. gastrocnemius* en parties antérieure et postérieure n'a pas été signalé par les auteurs précédents, mais la division est assez distincte chez les oiseaux chez lesquels elle se produit. Hudson (1937 : 36) souligne que chez certains oiseaux autres que les passereaux, la *pars interna* est double, mais que chez ces espèces, la *m. inserts semi-membraneux* entre les deux parties. Ce n'est pas la condition des espèces que j'ai étudiées. Seuls les plocéides et les pinsons carduélins de la présente étude ne parviennent pas à montrer une telle division. Le muscle indivis de ces oiseaux ressemble, dans son origine et sa position, à la partie postérieure du muscle trouvé chez les espèces présentant la condition bipartite. La plus grande masse du muscle bipartite rend probablement possible une extension plus forte du tarsométatarse.

Ainsi, les conditions divisées ou indivises du *m. l'obturateur externe* et la *pars interne* du *m. les gastrocnémiens* semblent corrélés aux degrés de force de certains mouvements de la jambe. Il est concevable que ces différences de structure soient corrélées à la manière dont la nourriture est obtenue, les oiseaux dotés de muscles bipartites étant ceux qui passent le plus de temps au sol à chercher et gratter des graines et d'autres sortes de nourriture. Pourtant, chez *Leucosticte* , une cardueline, et chez *Calcarius* , une emberizine, dont les habitudes alimentaires sont assez similaires, la structure est différente . *Leucosticte* ressemble aux embérizines ainsi qu'à *Piranga* et *Spzia* dans le prolongement d'une bande de fibres musculaires de la *pars interne* du *m. gastrocnémien* autour du devant du genou. Une telle bande de fibres musculaires renforce l'articulation du genou et donne encore plus de force à la *partie interne* . Cette condition a été signalée chez un certain nombre d'oiseaux par Hudson (1937) et constitue, selon toute probabilité, une adaptation en vue d'une plus grande force de certains mouvements des pattes. Le développement de cette bande chez *Leucosticte* semble parallèle à celui des autres oiseaux étudiés et n'indique pas de relation, puisque chez *Leucosticte* cette bande naît du muscle indivis qui (comme indiqué ci-dessus) ne ressemble qu'à la partie postérieure du muscle bipartite décrit pour le d'autres oiseaux. Chez ces derniers, la bande musculaire naît de la partie antérieure du muscle.

Des différences mineures dans la configuration musculaire, comme celles déjà mentionnées, sont également cohérentes entre les sous-familles, mais la corrélation de ces différences mineures avec la fonction est difficile. Cela implique cependant que dans tous les groupes, à l'exception des carduelines et des plocéides, l'accent est mis sur une plus grande force et une plus grande mobilité de la jambe. Dans les carduelines étudiées, l'origine du *m. Sartorius* ne s'étend pas aussi loin que chez les autres espèces. Dans ce dernier cas, au moins la moitié de l'origine provient de la ou des dernières vertèbres dorsales libres ; dans les carduelines, pas plus d'un tiers de l'origine est antérieur à l'ilium. Il est concevable que plus l' origine est crânienne, plus le mouvement vers l'avant de la cuisse serait fort.

Chez *Passer*, *Estrilda* et *Poephila*, et chez tous les pinsons carduélins examinés, le ventre du *m. fléchisseurs perforants et perforatus digiti II* et le *m. flexor perforans et perforatus digiti III* sont plus intimement liés que chez les autres espèces étudiées. Ainsi, la quantité d'action indépendante de ces muscles chez *Passer*, chez les estrildines et chez les carduelines est probablement réduite .

Chez *Passer*, les estrildines et les carduelines sont les bords du tendon gainant d'insertion du *m. doigt perforant III* sont épaissis ; en conséquence, l'insertion semble superficiellement double, mais un examen plus approfondi révèle qu'il existe un fascia étiré entre les bords épaissis. Chez les autres espèces examinées, l'insertion est partout en forme de gaine et il n'y a pas de zones épaisses. Je ne peux pas expliquer cela sur la base de la fonction. La différence est cependant évidente et constante.

Outre les différences notées ci-dessus, il existe des variations dans la structure musculaire qui semblent significatives uniquement chez *le Vireo olivaceus* . Chez cette espèce, la partie centrale aponévrotique du *m. ilio-tibial* est absent. L'origine du *m. l'adducteur long et court* provient du bord dorsal de la fenêtre ischio-pubienne et non de la membrane recouvrant cette fenêtre. L'origine de la *pars posticus* de ce muscle est en outre charnue et non tendineuse comme c'est le cas chez les autres espèces. Eux . *le flexor perforatus digiti II* est plus grand et plus profondément situé chez *le Viréo* et n'a, de plus, aucun lien avec le *m. long fléchisseur de l'hallux* . Ce dernier muscle est plus petit et plus faible que chez toutes les autres espèces et n'a qu'une seule tête d'origine (la postérieure). Eux . *flexor hallucis brevis* , au contraire, est plus grand que chez les autres oiseaux, compensant probablement le petit *m. long fléchisseur de l'hallux* . Cependant, dans les différences qui séparent les carduelines et les plocéides des autres oiseaux étudiés, *le Viréo* ressemble en tout cas aux richmondenines, aux emberizines, aux tangaras, aux parulines et aux merles.

Sur la base des différences dans la musculature des pattes, les espèces qui font désormais partie de la famille des Fringillidae peuvent être séparées en deux groupes. Un groupe comprend les richmondenines et les emberizines ; l'autre, les carduelines. Les schémas musculaires des pattes des oiseaux du premier groupe ne se distinguent pas de ceux des *Seiurus* , *Icterus* , *Molothrus* et *Piranga* , et, à l'exception des différences notées, sont similaires à ceux du *Vireo* . Les carduelines, en revanche, sont semblables en tous points de la musculature des jambes aux plocéides étudiées. Ainsi, l'hétérogénéité de la famille des Fringillidae, telle qu'elle est désormais reconnue, est soulignée par les différences dans les structures musculaires de la jambe.

Sérologie comparée

Déclaration générale

L'application des techniques sérologiques aux problèmes des relations animales a été tentée avec plus ou moins de succès sur une période d'une cinquantaine d'années environ. Peu d'études antérieures étaient de nature quantitative, mais au cours de la dernière décennie, des techniques sérologiques quantitatives satisfaisantes ont été développées permettant d'estimer les relations taxonomiques. L'utilité de la sérologie comparative en taxonomie a été démontrée dans des enquêtes sur de nombreux groupes dans lesquelles les résultats obtenus ont, dans la plupart des cas, été compatibles avec les résultats obtenus par des méthodes plus conventionnelles, telles que la morphologie comparative. Comme l'a déclaré Boyden (1942 : 141), « la sérologie comparative... n'est pas un simple guide pour les relations avec les animaux ». Cependant, l'objectivité de ses méthodes, le fait qu'elles reposent sur des comparaisons de systèmes biochimiques qui semblent relativement lents à changer en réponse à des influences environnementales externes et le fait que les résultats sont de nature quantitative favorisent, lorsque cela est possible, , l'inclusion de données issues de la sérologie comparative ainsi que de celles provenant de sources plus conventionnelles lorsqu'on tente de déterminer les relations entre des groupes d'animaux.

L'application des méthodes sérologiques en ornithologie n'a pas été étendue. Irwin et Cole (1936) ainsi que Cumley et Irwin (1941, 1944) ont utilisé deux espèces de tourterelles et leurs hybrides et ont démontré qu'une distinction entre les globules rouges de ces oiseaux pouvait être faite au moyen de méthodes immunologiques impliquant la réaction des agglutinines. McGibbon (1945) a pu distinguer les globules rouges d'hybrides interspécifiques chez les canards par des méthodes similaires. Irwin (1953) a utilisé des techniques similaires dans son étude des schémas évolutifs de certaines substances antigéniques des cellules sanguines des oiseaux de la famille des Columbidae. Sasaki (1928) a démontré l'utilité de la technique des précipitines pour distinguer les espèces de canards et leurs hybrides. Cette technique a également été utilisée avec succès par DeFalco (1942) et par Martin et Leone (1952). Travaillant avec des groupes de relations connues, ces enquêteurs ont montré que les positions systématiques « acceptées » de certains oiseaux étaient confirmées par des procédures sérologiques . La réaction de précipitation, cependant, n'a jamais été appliquée à des problèmes réels de taxonomie aviaire avant la présente étude.

Préparation des antigènes

Bien que la plupart des travaux antérieurs de sérologie comparative dans lesquels des tests de précipitine ont été utilisés aient impliqué l'utilisation de sérums entiers comme antigènes, Martin et Leone (1952) ont indiqué que les extraits de tissus sont satisfaisants comme antigènes et qu'une différenciation sérologique peut être obtenue avec ces extraits et les antisérums. pour eux. J'ai donc décidé d'utiliser de tels extraits dans ces recherches, car la petite taille des oiseaux à tester rendait impossible l'obtention d'une quantité suffisante de sérums entiers.

La plupart des oiseaux utilisés ont été obtenus par tir, mais quelques-uns ont été piégés et les espèces exotiques ont été achetées vivantes auprès d'un marchand d'animaux de compagnie. Lorsqu'un oiseau était tué , tout le tube digestif était soigneusement retiré pour empêcher la fuite des enzymes digestives dans les tissus et pour éviter la putréfaction par l'action des bactéries intestinales. Dès que possible (et dans tous les cas dans les trois heures), l'oiseau a été écorché , la tête, les ailes et les pattes ont été retirées et le corps a été gelé. Chaque spécimen, composé du tronc, du cœur, des poumons et des reins, a été enveloppé séparément et soigneusement dans du papier d'aluminium pour éviter la déshydratation des tissus. Les spécimens ont été conservés congelés jusqu'au moment où les extraits ont été réalisés.

Lorsqu'un extrait devait être préparé, le spécimen était laissé décongeler mais pas se réchauffer. Dans la chambre froide avec la température de tous les équipements et réactifs à 2°C, l'échantillon a été placé dans un mélangeur Waring avec une solution aqueuse à 0,9 pour cent de NaCl tamponnée avec $M/150\ K_2HPO_4$ et $M/150\ Na_2HPO._4$ à un pH de 7,0. La quantité de réactif utilisée était de 75 ml. de solution saline pour chaque gramme de tissu à extraire . Les tissus ont été hachés dans le mélangeur et laissés au repos à 2°C. pendant 72 heures, et les résidus de tissus sont éliminés par centrifugation dans une centrifugeuse réfrigérée. Du formol a été ajouté à une partie du surnageant dans la quantité nécessaire pour obtenir une dilution finale de 0,4 pour cent. Cette formolisation s'est avérée nécessaire pour inhiber l'action des enzymes autolytiques pendant la période de temps nécessaire pour mener à bien les investigations. Les effets de la formolisation sur l'antigénicité et la réactivité des protéines sont discutés plus loin. Il a fallu stériliser et clarifier les extraits « natifs » (non formalisés) ; cela a été réalisé par filtration sur un filtre Seitz. Ces substances « natives » n'ont été utilisées qu'au début de l'enquête (voir ci-dessous). Le filtrat a été mis en bouteille et stocké à 2°C. Dans les premiers stades de cette enquête, la clarification de l'extrait formulé était réalisée par le même type de filtration . Il a toutefois été déterminé que la centrifugation dans une centrifugeuse réfrigérée à grande vitesse (17 000 g) avait le même objectif et était plus rapide. Les extraits formolisés ont été mis en bouteille et également conservés à 2°C. (bien que la conservation réfrigérée des extraits formolisés ne semble pas nécessaire). Pour chaque extrait, la quantité de protéine présente a été déterminée colorimétriquement par la méthode de Greenberg (1929) avec un photomètre Leitz.

Les espèces pour lesquelles des extraits ont été préparés et les valeurs protéiques des extraits sont répertoriées dans le tableau 1. Des extraits de certaines espèces ont été utilisés pendant la majeure partie de l'expérience ; les extraits d'autrui n'ont été utilisés qu'à des fins de comparaison.

TABLEAU 1.—ESPÈCES À PARTIR DESQUELLES DES EXTRAITS ONT ÉTÉ PRÉPARÉS ET CALENDRIERS D'INJECTION DES EXTRAITS CONTRE LESQUELS DES ANTISÉRUMS ONT ÉTÉ PRODUITS

ESPÈCES	Protéine, gm. pour 100 ml	Calendriers d'injection pour la production d'antisérums
Myiarchus crinitus (Linné)	0,65	Série 1 : Intraveineuse, 0,5, 1,0, 2,0 et 4,0 ml.
Passer domestique	1,40	Série 1 : sous-cutanée, 0,5, 1,0, 2,0 et 4,0 ml.
Estrilda Amandava	0,45	[A] Série 1 : Intraveineuse, 0,5, 1,0, 2,0 et 4,0 ml. [A] Série 2 : sous-cutanée, 0,5, 1,0 et 2,0 ml. Intrapéritonéal, 8,0 ml.
Poephila guttata	0,56	[A] Pareil que pour *Estrilda*.
Molothrus ater	0,65	Série 1 : Intraveineuse et sous-cutanée, respectivement, 0,5 et 0,5 ml., 1,0 et 1,0 ml., 3,0 et 1,0 ml., 5,0 et 3,0 ml. Série 2 : Sous-cutanée, 0,5, 1,0, 2,0 et 4,0 ml.
Piranga rubra	0,50	Pareil que pour *Molothrus*.
Richmondena cardinalis	0,70	[A] Pareil que pour *Estrilda*.
Richmondena cardinalis	0,60	Pareil que pour *Spinus*.
Passerine cyanea	0,45	Antisérum non préparé.
Spiza américaine	0,70	Pareil que pour *Molothrus*.
Carpodacus purpureus	0,50	Antisérum non préparé.
Épinus tristis	0,49	Série 1 : Intraveineuse, 0,5, 1,0, 2,0 et 4,0 ml. Série 2 : Intraveineuse, 0,5, 1,0, 2,0 et 4,0 ml. Série 3 : sous-cutanée, 0,5, 1,0, 2,0 et 4,0 ml.
Pipilo érythrophtalmique	0,92	Antisérum non préparé.

Junco hyemalis	0,56	Pareil que pour *Spinus* .
Spizella arborea	0,48	Pareil que pour *Spinus* .
Zonotrichia querula	0,48	Pareil que pour *Spinus* .
Zonotrichia albicollis (Gmelin)	0,92	Antisérum non préparé.

[A] Antisérum préparé contre l'antigène formolisé.

Préparation des antisérums

Tous les antisérums ont été produits chez des lapins (stock de laboratoire d' *Oryctolagus cuniculus*). Trois méthodes d'injection d'antigène ont été utilisées dans diverses combinaisons : intraveineuse, sous-cutanée et intrapéritonéale. Les programmes d'injection utilisés dans la production de chaque antisérum sont répertoriés dans le tableau 1 . Des antigènes formulés et « natifs » ont été utilisés . Chaque lapin a reçu une ou plusieurs séries de quatre injections, chaque injection étant administrée un jour sur deux et doublant en quantité : 0,5 ml, 1,0 ml, 2,0 ml et 4,0 ml. Dans tous les cas, sauf deux , plus d'une série d'injections a été nécessaire pour produire un antisérum utile. Cependant, plus de deux séries n'ont entraîné que peu ou pas d'amélioration de la réactivité de l'antisérum.

Les séries d'injections ont été séparées par des intervalles de huit jours. Le huitième jour après la dernière injection de chaque série, 10 ml. de sang ont été prélevés de l'artère principale de l'oreille du lapin, et l'antisérum a été utilisé dans un test de précipitation homologue pour déterminer son utilité. Si l'antisérum contenait des quantités suffisantes d'anticorps pour réaliser les tests projetés, le lapin était complètement saigné par ponction cardiaque, à l'aide d'une aiguille de calibre 18 et d'un flacon de 50 ml . seringue. Le sang total a été placé dans des tubes à essai propres et laissé coaguler . On a laissé reposer à 2°C. pendant 12 à 18 heures afin que la majeure partie du sérum soit exprimée à partir du caillot. Le sérum a ensuite été décanté, centrifugé pour éliminer toutes les cellules sanguines, stérilisé dans un filtre Seitz, mis en bouteille dans des flacons stériles et conservé à 2°C. jusqu'à utilisation.

Méthodes de tests sérologiques

La réaction de précipitation est la plus efficace des techniques sérologiques conçues jusqu'à présent pour les comparaisons systématiques. La réaction se produit parce que les substances antigéniques introduites dans le corps d'un animal provoquent la formation d' anticorps qui précipitent les antigènes lorsque les deux sont mélangés. Les antisérums produits présentent des spécificités quantitatives dans leurs actions ; par conséquent, lorsqu'un antisérum contenant des précipitines est mélangé avec chacun de plusieurs antigènes, la réaction impliquant l'antigène homologue (celui utilisé dans la production de l'antisérum) est plus grande que les réactions impliquant les antigènes hétérologues (antigènes autres que ceux utilisés dans la production de l'antisérum). De plus, l'ampleur des réactions entre l'antisérum et les antigènes hétérologues varie en fonction des degrés de similarité de ces antigènes avec l'antigène homologue.

La méthode de test des précipitines suit celle décrite par Leone (1949). Le phototronréflectomètre Libby (1938) a été utilisé pour mesurer les turbidités développées par l'interaction de l'antigène et de l'antisérum. Avec cet instrument, des rayons de lumière parallèles traversent les systèmes troubles mesurés. Les rayons lumineux sont réfléchis par les particules en suspension vers la plaque sensible d'une cellule photoélectrique ; cela génère un courant électrique qui provoque une déviation sur un galvanomètre. La déviation est proportionnelle à la quantité de turbidité développée et les lectures peuvent être prises directement à partir de l'échelle de l'instrument.

Les cellules de réaction du phototronréflectomètre sont conçues pour fonctionner avec un volume de 2 ml. par conséquent, ce volume a été utilisé dans tous les tests. Dans chaque série de tests, la quantité d'antisérum était maintenue constante et la quantité d'antigène était variée. Le volume de chaque dilution d'antigène était toujours de 1,7 ml, auquel on ajoutait 0,3 ml. d'antisérum pour compléter un volume de 2 ml.

TABLEAU 2. — Valeurs en pourcentage obtenues à partir des analyses des réactions de précipitation. Les chiffres représentent les quantités relatives de réaction entre les antigènes et les antisérums. Les réactions homologues sont arbitrairement évaluées à 100 pour cent et les réactions hétérologues sont exprimées en conséquence. *Les comparaisons ne sont significatives que si elles sont effectuées dans chaque ligne horizontale de valeurs.*

	.
Antigènes	ANTISÉRUMS

	Estrilda amandava	*Poephila guttata*	*Piranga rubra*	*Richmondena cardinalis*	*Spiza americana*	*Spinus tristis*	*Junco hyemalis*	*Zonotrichia querula*
Passer domestique	75	74	73	66	81	72	...	81
Estrilda Amandava	100	88	75	...	79	72	53	...
Poephila guttata	95	100	77	67	87	81	...	...
Molothrus ater	66	54	69	65	86	75	69	75
Piranga rubra	...	...	100	...	...	...	...	89
Richmondena cardinalis	75	80	91	100	98	65	88	91
Spiza américaine	65	68	...	71	100	64	67	80
Carpodacus purpureus	70	71	71	61	89	93	53	70
Épinus tristis	72	74	73	60	89	100	60	...
Junco hyemalis	64	56	74	65	87	68	100	...
Zonotrichia querula	65	71	...	67	89	75	...	100

Les antigènes ont été dilués avec une solution saline tamponnée au phosphate à 0,9 pour cent. Les tests ont été effectués dans des portoirs de tubes à essai Kolmer standard, chaque test étant constitué de 12 tubes. Chaque dilution a été réalisée sur la base de la concentration protéique connue de l'antigène. Le premier tube contenait une dilution initiale de 1 partie de protéine dans 250 parties de solution saline et chaque tube successif contenait une dilution de protéine correspondant à la moitié de la concentration du tube précédent, allant jusqu'à 1 : 512 000. Des contrôles salins, des contrôles antisériques et des contrôles antigéniques ont été maintenus avec chaque test pour déterminer les turbidités inhérentes à ces solutions. Ces turbidités témoins ont été déduites de la turbidité totale développée dans chaque tube de réaction, la turbidité résultante étant alors considérée comme celle provoquée par l'interaction des antigènes et des anticorps. Les turbidités ont pu se développer sur une période de 24 heures. Dans les premiers stades de cette enquête, les réactions ont pu avoir lieu à 2°C. afin d'inhiber la croissance bactérienne. Des tests ultérieurs ont été effectués à température ambiante et la croissance bactérienne a été empêchée par l'ajout à chaque tube de « Merthiolate » dans une dilution finale de 1:10 000.

Données expérimentales

Les valeurs corrigées des turbidités obtenues ont été portées avec les valeurs de turbidité en ordonnées et les dilutions d'antigène en abscisse. La réaction homologue était la norme de référence pour toutes les autres réactions testées avec le même antisérum. En additionnant les relevés de turbidité tracés, on obtient des valeurs numériques qui sont des indices servant à caractériser les courbes. Ces valeurs ont été converties en valeurs en pourcentage, celle de la réaction homologue étant considérée comme 100 pour cent. Ces valeurs, ainsi que les courbes, fournissent les données permettant de comparer les protéines des oiseaux . Des tracés représentatifs des courbes de précipitine sont présentés sur les figures. 10 au 21 . Pour des raisons de commodité, chaque tracé ne représente que plusieurs des 10 courbes obtenues avec chaque antisérum.

Un résumé des relations sérologiques des oiseaux impliqués dans les tests de précipitine est présenté dans le tableau 2 , dans lequel les valeurs en pourcentage sont présentées. Étant donné que les techniques impliquées dans les tests ont été grandement améliorées au fur et à mesure que l'enquête progressait, le résumé est basé uniquement sur les tests effectués dans les étapes ultérieures de l'enquête. Pour des raisons qui apparaîtront plus tard, il convient de souligner que dans le tableau 2, les comparaisons ne peuvent être effectuées qu'au sein de chaque rangée horizontale de valeurs.

Discussion des investigations sérologiques

L'un des problèmes rencontrés au début de cette enquête était l'instabilité des protéines présentes dans les extraits préparés. Les extraits dans lesquels aucune tentative n'a été faite pour inactiver les enzymes présentes se sont révélés insatisfaisants. Il était nécessaire de maintenir la température des antigènes « natifs » à 2°C, et tout travail avec de tels antigènes devait être effectué à cette température. Cet arrangement n'était pas pratique ; de plus, l'inactivation des enzymes n'était pas complète même à cette basse température, et une certaine dénaturation des protéines se produisait comme en témoigne l'apparition progressive de précipités insolubles dans les flacons stockés.

Les conservateurs, le « Merthiolate » et le formol, ont été utilisés pour tenter d'inhiber l'action autolytique des enzymes présentes. Le formol, ajouté pour obtenir une dilution finale de 0,4 pour cent, s'est révélé être le plus satisfaisant des deux conservateurs et a été utilisé pendant la majeure partie du travail. Le formol a provoqué une légère dénaturation de certaines protéines, mais cet effet a été complet en quelques heures, après quoi toute matière dénaturée a été éliminée par filtration ou centrifugation. Les protéines restant en solution étaient stables pendant la période nécessaire à la réalisation des investigations.

L'ajout de formol réduit la réactivité des extraits lorsqu'ils sont testés avec des antisérums préparés contre des antigènes « natifs » et provoque des modifications dans la nature des courbes de précipitine. Cet effet a été signalé par Horsfall (1934) et par Leone (1953) dans leurs travaux sur les effets du formaldéhyde sur les protéines sériques. Leurs données indiquent cependant que même si des changements dans les caractéristiques immunologiques des protéines sont provoqués par la formolisation, les protéines conservent suffisamment de leurs caractéristiques chimiques spécifiques pour permettre une différenciation cohérente des espèces par des méthodes immunologiques. Dans les tests que j'ai effectués, les positions relatives des courbes de précipitines, qu'il s'agisse d'extraits natifs ou formolisés, sont restées inchangées (Figs. 10 , 11). *Toutes les données utilisées pour l'interprétation des relations sérologiques ont été obtenues à partir de tests dans lesquels des antigènes formolisés d'âge équivalent ont été utilisés.*

Seuls trois antisérums ont été produits contre des antigènes formolisés, tous les autres étant produits contre des extraits « natifs ». Les antigènes formolisés semblaient avoir une antigénicité plus grande, dans la plupart des cas, que ceux qui n'étaient pas formalisés, et les réactions de précipitation impliquant des antisérums produits contre les antigènes formolisés développaient des turbidités plus élevées. Les antisérums produits contre les antigènes formolisés étaient égaux mais pas meilleurs que ceux préparés contre des extraits « natifs » lors de la séparation des oiseaux testés (figures 12 , 13).

Le lapin est une variable à considérer dans les tests sérologiques. Deux lapins exposés au même antigène, dans les mêmes conditions, peuvent produire des antisérums très différents dans leur capacité à distinguer des antigènes différents. Il est donc logique de supposer que deux lapins exposés à des antigènes différents peuvent produire des antisérums qui diffèrent également à cet égard. Ceci explique les valeurs inégales des tests réciproques présentées dans le tableau 2 . Ainsi, dans le test impliquant l'antisérum des extraits de *Richmondena* , une valeur de 71 pour cent a été obtenue pour l'antigène *Spiza* , tandis que dans le test impliquant le sérum anti- *Spiza* , une valeur de 98 pour cent a été obtenue pour l'antigène *Richmondena* . Dans le tableau 2 , les comparaisons peuvent donc être faites uniquement entre les valeurs des protéines des oiseaux testés avec le même antisérum.

Etant donné que la quantité d'un antisérum est limitée, il existe nécessairement une limite quant au nombre d'oiseaux utilisés dans une série de tests sérologiques. Par conséquent, bien que les résultats révèlent les relations sérologiques réelles des espèces individuelles, l'interprétation des relations entre les groupes taxonomiques doit être entreprise en sachant qu'une telle interprétation est basée sur des tests impliquant relativement peu d'espèces de chaque groupe. Il est raisonnable de supposer, cependant, qu'une espèce qui a été placée dans un groupe sur la base de ressemblances autres que la ressemblance sérologique présenterait une plus grande correspondance sérologique avec les autres membres de ce groupe qu'avec les membres d'autres groupes. Plus précisément, chez les Fringillidae et leurs alliés, il semble y avoir peu de raisons de douter que les genres, et même les sous-familles, soient des groupes naturels. Ceci est illustré dans des tests impliquant des genres étroitement apparentés : *Richmondena* et *Spiza* (Figs. 14 , 15 , 18), *Estrilda* et *Poephila* (Fig. 21), *Spinus* et *Carpodacus* (Figs. 12 , 17 , 19 , 20). Dans chacun de ces tests, les paires de genres mentionnées présentent une plus grande correspondance sérologique entre elles qu'avec les autres espèces impliquées. Ce point est illustré davantage par un test (non illustré) impliquant *Zonotrichia querula* (l'antigène homologue) et *Zonotrichia albicollis* . Bien que ce test fasse partie d'une série antérieure dans laquelle des difficultés ont été rencontrées (les données n'ont donc pas été utilisées), il est intéressant de noter que les deux espèces étaient presque impossibles à distinguer sérologiquement.

L'homogénéité sérologique des oiseaux passeriformes est soulignée par le fait que la valeur de chaque réaction hétérologue était supérieure à 50 pour cent de la valeur de la réaction homologue, sauf dans le test impliquant le sérum anti- *Richmondena et Myiarchus* (Fig. 13). dans lequel la valeur de la réaction hétérologue était de 45 pour cent. Étant donné que la plupart des ornithologues considèrent ces genres comme étant seulement éloignés (ils appartiennent à des sous-ordres différents au sein de l'ordre des Passériformes), la valeur relativement élevée de la réaction hétérologue souligne la correspondance sérologique étroite des passereaux et indique que de petites différences sérologiques constantes entre ces oiseaux sont effectivement significatif. La possibilité qu'une partie de la correspondance sérologique soit due à l'effet "homologisant" du formol sur les protéines ne doit pas être exclue . Je pense cependant que cet effet n'est pas entièrement responsable de la correspondance étroite observée ici.

Un autre point à prendre en compte dans l'interprétation des tests sérologiques est que les techniques utilisées ont tendance à séparer nettement les espèces étroitement apparentées , alors que les espèces éloignées ne sont pas si facilement séparées. Autrement dit, les études sérologiques comparatives au phototronréflectomètre tendent à minimiser les différences entre parents éloignés et à exagérer les différences entre parents proches.

En analysant les relations sérologiques des espèces utilisées dans cette étude, il devient évident que deux ou plusieurs séries de tests doivent être envisagées avant de pouvoir placer les oiseaux les uns par rapport aux autres. Par exemple, les données présentées dans la Fig. 14 indiquent que *Spiza* et *Molothrus* présentent à peu près le même degré de correspondance sérologique avec *Richmondena* . Cela n'implique pas nécessairement que *Spiza* et *Molothrus* sont étroitement liés. Si la fig. 15 , on peut déterminer que *Richmondena* présente une correspondance sérologique beaucoup plus grande avec *Spiza* que *Molothrus* . Ainsi, une analyse des deux chiffres permet de clarifier les véritables relations sérologiques entre les trois genres. En se référant à d'autres séries de tests impliquant ces trois oiseaux, une détermination plus exacte de leurs relations peut être obtenue.

Pour illustrer ce propos par un exemple hypothétique, deux espèces pourraient sembler équidistantes, sérologiquement, d'une troisième espèce. Des tests supplémentaires devraient indiquer si les deux premières espèces sont équidistantes dans la même direction (donc, implicitement, des parents proches) ou dans des directions opposées (donc, des parents éloignés). Un seul test ne fournit que deux dimensions d'un arrangement tridimensionnel.

Il est impossible d'interpréter et de représenter les données sérologiques de manière satisfaisante en deux dimensions ; par conséquent, un modèle tridimensionnel (Figs. 22 , 23) a été construit pour résumer les relations sérologiques des oiseaux impliqués. Chacun des onze types utilisés de manière cohérente tout au long de l'enquête est représenté dans le modèle. Grâce aux valeurs en pourcentage (tableau 2), chaque oiseau a été localisé par rapport aux autres oiseaux. Dans la mesure du possible, les moyennes des tests réciproques (tableau 3) ont été utilisées pour déterminer les distances entre les éléments du modèle. De cette façon, sept des oiseaux ont été localisés avec précision les uns par rapport aux autres. Faute de tests réciproques, les positions des autres oiseaux ont été déterminées par les valeurs de tests uniques (Tableau 4). Bien que ces oiseaux aient été placés avec moins de certitude, au moins quatre points de référence ont été utilisés pour localiser chaque espèce. Au moins un test sérologique est représenté par chaque barre de connexion dans le modèle . Les longueurs des barres reliant deux éléments quelconques ont été déterminées comme suit : une valeur en pourcentage (Tableau 3 et Tableau 4) représentant le degré de correspondance sérologique entre deux oiseaux a été soustraite de 100 pour cent ; le reste a été multiplié par cinq pour augmenter la taille du modèle et le produit a été exprimé en millimètres ; une barre de bonne longueur relie les deux éléments impliqués.

D'après le modèle , on observe qu'à l'exclusion *de Molothrus* et *Passer* , les oiseaux se répartissent en deux groupes distincts : l'un comprend *Piranga* , *Richmondena* , *Spiza* , *Junco* et *Zonotrichia* ; l'autre comprend *Estrilda* , *Poephila* , *Carpodacus* et *Spinus* .

TABLEAU 3.—VALEURS RÉCIPROQUES UTILISÉES POUR DÉTERMINER LES DISTANCES ENTRE LES ÉLÉMENTS DU MODÈLE ; CHAQUE VALEUR REPRÉSENTE LA MOYENNE DES TESTS SÉROLOGIQUES ENTRE LES ESPÈCES IMPLIQUÉES

	Estrilda amandava	*Poephila guttata*	*Richmondena cardinalis*	*Spiza americana*	*Spinus tristis*	*Junco hyemalis*	*Zonotrichia querula*	
Estrilda Amandava	..	92	..	72	72	59	..	
Poephila guttata	92	..	74	78	78	..	..	
Richmondena cardinalis	..	74	..	85	63	77	79	
Spiza américaine	72	78	85	..	77	77	85	
Épinus tristis	72	78	63	77	..	..	..	
Junco hyemalis	..	..	77	77	..	..	..	
Zonotrichia querula	..	..	79	85	..	..	..	

TABLEAU 4.—VALEURS UNIQUES UTILISÉES POUR DÉTERMINER LES DISTANCES ENTRE LES ÉLÉMENTS DU MODÈLE ; CHAQUE VALEUR REPRÉSENTE UN TEST UNIQUE ENTRE LES ESPÈCES IMPLIQUÉES

	Estrilda amandava	*Poephila guttata*	*Piranga rubra*	*Richmondena cardinalis*	*Spinus tristis*	*Junco hyemalis*	*Zonotrichia querula*	
Passer domestique	..	74	73	..	72	..	..	
Molothrus ater	..	54	..	65	..	69	75	
Piranga rubra	..	77	..	91	73	74	..	
Carpodacus purpureus	70	71	..	61	93	..	..	

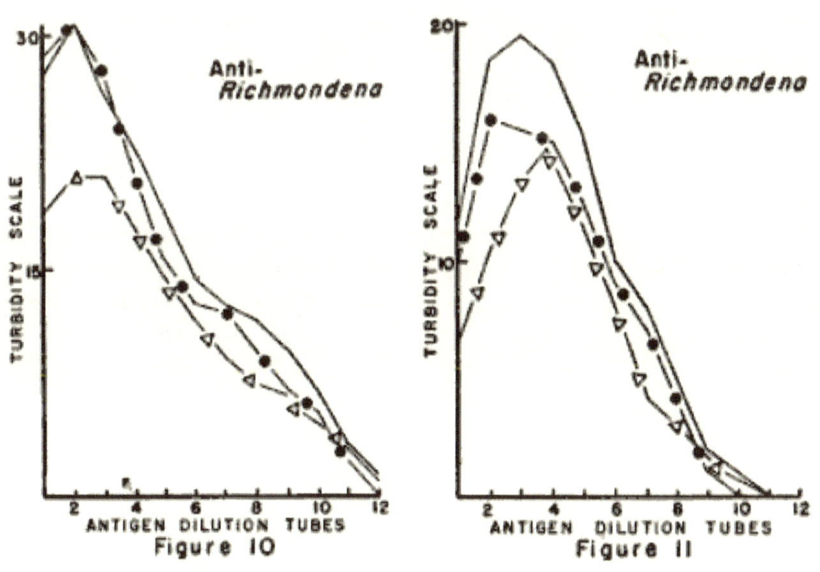

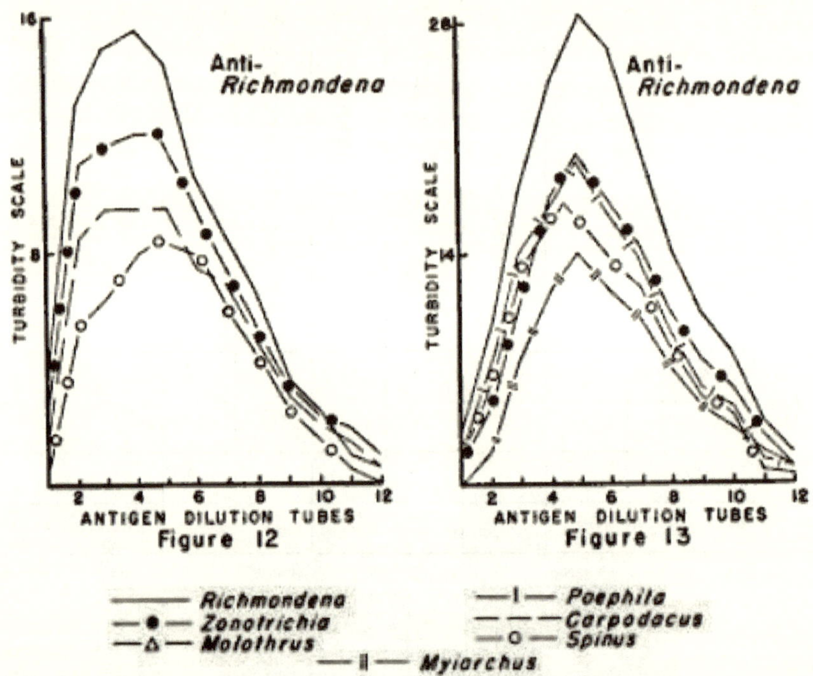

FIGUES. 10-13. Graphiques des réactions de précipitation illustrant les effets du formol sur l'antigénicité et la réactivité des extraits. Pour plus d'informations, voir le texte, pp. 190-193 .

FIG. 10. Réactions d'antigènes non formalisés de *Richmondena* , *Zonotrichia* et *Molothrus* avec du sérum anti- *Richmondena* . FIG. 11. Réactions des antigènes formolisés de *Richmondena* , *Zonotrichia* et *Molothrus* avec le sérum anti- *Richmondena* . FIG. 12. Réactions du sérum anti- *Richmondena préparé contre l'antigène natif avec les antigènes de Richmondena* , *Zonotrichia* , *Carpodacus* et *Spinus* . FIG. 13. Réactions du sérum anti- *Richmondena préparé contre l'antigène formolisé avec les antigènes de Richmondena* , *Zonotrichia* , *Poephila* , *Spinus* et *Myiarchus* .

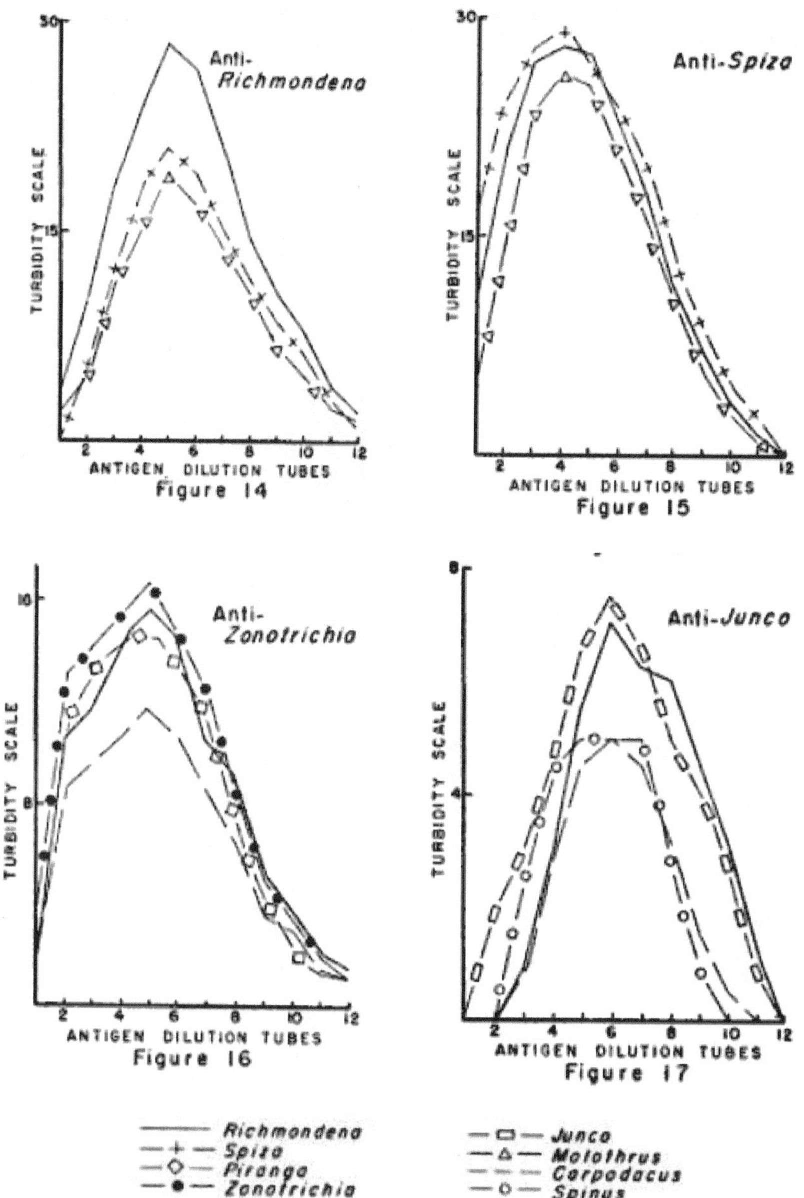

FIGUES. 14-17. Graphiques des réactions de précipitation illustrant les relations sérologiques. Pour plus d'explications, voir le texte, pp. 190-193 .

FIG. 14. Relations sérologiques entre *Richmondena* , *Spiza* et *Molothrus* . FIG. 15. Relations sérologiques entre *Richmondena* , *Spiza* et *Molothrus* . FIG. 16. Relations sérologiques de *Carpodacus* avec l'assemblage richmondenine-emberizine-thraupid. FIG. 17. Relations sérologiques de *Carpodacus* et *Spinus* avec *Richmondena* et *Junco* .

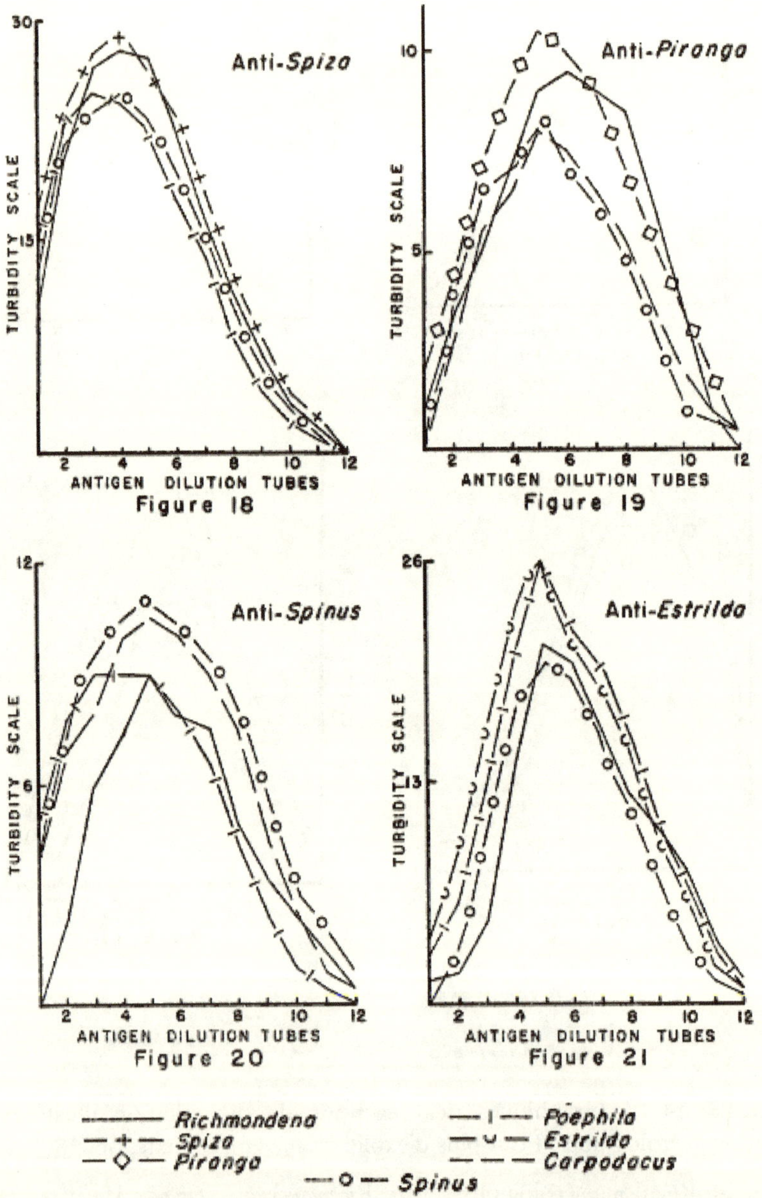

FIGUES. 18-21. Graphiques des réactions de précipitation illustrant les relations sérologiques. Pour plus d'explications, voir le texte, pp. 190-193 .

FIG. 18. Relations sérologiques de *Spinus* et *Poephila* avec les richmondenines.
FIG. 19. Relations sérologiques de *Carpodacus* et *Spinus* avec *Richmondena* et
Piranga . FIG. 20. Relations sérologiques de *Poephila* et Richmondena avec les
carduelines. FIG. 21. Relations sérologiques de *Richmondena* et *Spinus* avec les
estrildines.

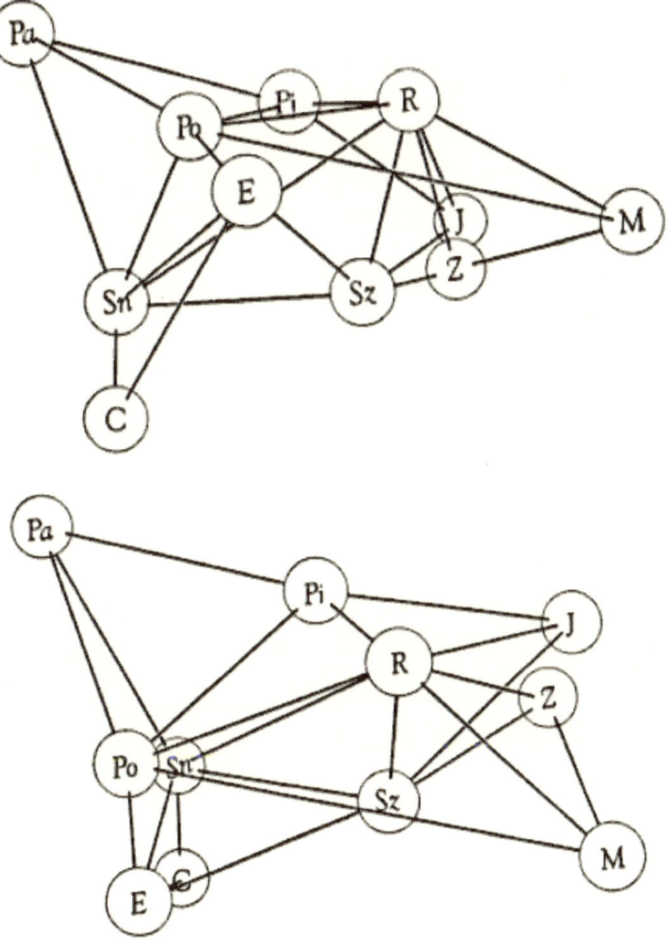

FIG. 22. Deux vues d'un modèle illustrant les relations sérologiques entre les
fringilles et les oiseaux apparentés. Pour plus d'explications, voir le texte, pp.
193-194 .

Genres

		Pi	*Piranga*
C	*Carpodacus*	Pô	*Poéphile*
E	*Estrilde*	R.	*Richmondena*
J.	*Junco*	Sn	*Épineux*
M.	*Molothre*	Taille	*Spiza*
Pennsylvanie	*Passeur*	Z	*Zonotrichie*

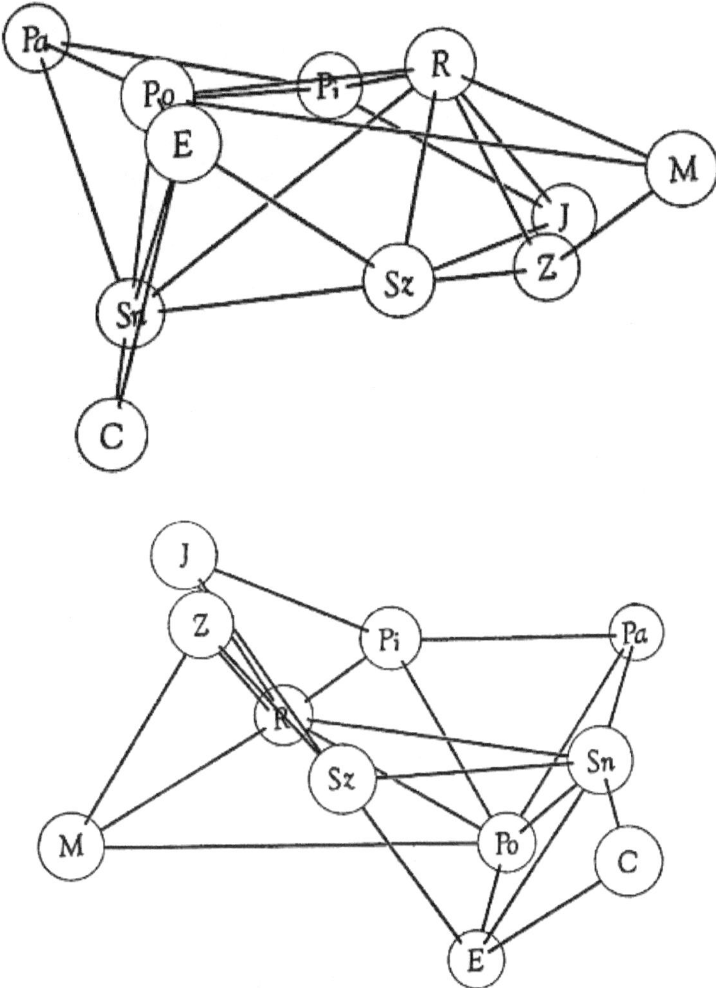

FIG. 23. Deux vues supplémentaires du modèle montré à la fig. 22 illustrant les relations sérologiques entre les fringillidés et les oiseaux apparentés. Pour plus d'explications, voir le texte, pp. <u>193-194</u> .

	Genres		Pi	·	*Piranga*
C		· *Carpodacus*	Pô	·	*Poéphile*

E	*Estrilde*	R.	*Richmondena*
J.	*Junco*	Sn	*Épineux*
M.	*Molothre*	Taille	*Spiza*
Pennsylvanie	*Passeur*	Z	*Zonotrichie*

Au sein de l'assemblage richmondenine-emberizine-thraupidé, *Junco* et *Zonotrichia* constituent un sous-groupe à part des autres. *Piranga* et *Richmondena* présentent une correspondance sérologique étroite. La position taxonomique actuelle de *Spiza* parmi les Richmondeninae, qui a été remise en question par Beecher (1951a : 431 ; 1953 : 309), est corroborée au moins en ce qui concerne les preuves sérologiques. Certes, la correspondance sérologique de *Spiza* avec l'assemblage richmondenine-emberizine-thraupidé est plus grande qu'avec tout autre groupe d'oiseaux testés.

Il est évident que les affinités sérologiques des carduelines ne se situent pas avec les richmondenines, les emberizines ou les thraupides. Les carduelines présentent une plus grande correspondance sérologique avec les estrildines qu'avec aucun des autres groupes testés. Des investigations sérologiques plus poussées portant sur d'autres espèces sont toutefois nécessaires avant que les parents les plus proches des carduelines puissent être déterminés avec certitude.

Les deux estrildines testées (*Estrilda* et *Poephila*) présentent une relation sérologique étroite. Leurs plus proches parents, sérologiquement, semblent être les carduelines. La classification (Wetmore, 1951) qui place *Passer* dans la même famille que les estrildines n'est pas confirmée par les données sérologiques disponibles. *Passeur* n'est, sur le plan sérologique, étroitement apparenté à aucun des oiseaux testés. Il est intéressant de noter que Beecher (1953 : 303-305), sur la base de la musculature de la mâchoire, place *Passer* et les estrildines dans des familles distinctes (Ploceidae et Estrildidae, respectivement).

Molothrus présente une plus grande correspondance sérologique avec l'assemblage richmondenine-emberizine-thraupidé qu'avec aucun des autres oiseaux testés. Cependant, il se distingue nettement de ce groupe et sa position, sur le plan sérologique, est compatible avec celle fondée sur des preuves provenant d'autres sources.

Il semble y avoir peu de débat parmi les ornithologues sur le fait que les ictéridés, les fringillidés et les plocéides constituent des familles distinctes les unes des autres. Si donc les différences sérologiques entre *Molothrus* (Icteridae) et *Richmondena* (Fringillidae), entre *Molothrus* et *Zonotrichia* (Fringillidae) et entre *Richmondena* et *Poephila* (Ploceidae) sont révélatrices de différences familiales, il y a quatre familles représentées par les oiseaux impliqués. *Molothrus* représente une famille ; *Piranga* , *Richmondena* , *Spiza* , *Junco* et *Zonotrichia* , une seconde ; *Estrilda* , *Poephila* , *Carpodacus* et *Spinus* , un troisième ; et *Passer* , un quatrième.

Conclusions

L'hétérogénéité de la famille des Fringillidae a été soulignée par de nombreux auteurs . Les relations entre les espèces désormais incluses dans cette famille ont fait l'objet de nombreuses discussions et constituent un problème important en systématique aviaire.

Les études de Sushkin (1924, 1925) sur les caractéristiques des palais cornés et osseux ont servi de base à la division actuelle de la famille en sous-familles. Récemment, Beecher (1951a, 1951b, 1953) et Tordoff (1954) ont utilisé ces caractéristiques et d'autres qu'ils estimaient utiles pour tenter de clarifier les relations entre les espèces impliquées.

Les travaux de Beecher (1951a, 1951b, 1953) sur la musculature de la mâchoire constituent une contribution précieuse à notre connaissance de l'anatomie des passereaux. Ses études myologiques étaient si approfondies et sa présentation si détaillée que les étudiants en désaccord avec ses interprétations peuvent tirer leurs propres conclusions. Beecher (1951b : 276) souligne qu'il existe deux types fondamentaux de muscles squelettiques : ceux à fibres parallèles et ceux à fibres pennées. Les muscles à fibres pennées semblent être plus efficaces, chaque muscle ayant une section transversale fonctionnelle plus grande pour sa masse que celui à fibres parallèles. Il suppose que les muscles à fibres parallèles sont plus primitifs, phylogénétiquement, que ceux dont les fibres sont disposées pennées. Depuis que son étude des muscles de la mâchoire des Icteridae (1951a) a révélé que les modèles de musculature de la mâchoire au sein de cette famille restent constants quelles que soient les méthodes utilisées pour se procurer de la nourriture, il suppose que de tels modèles peuvent être utilisés comme indicateurs de relation dans l'ensemble de l'oscinine. groupe. Ces deux hypothèses servent donc de base à son hypothèse concernant les relations et la phylogénie au sein de cet assemblage. Beecher (1951b : 278-280 ; 1953 : 310-312) soutient qu'au sein de la famille des Thraupidés, il existe deux lignées principales qui mènent presque sans disjonction aux Carduelinae et aux Richmondeninae. La lignée thraupid-richmondénine implique un changement dans la nature du *m. adducteur mandibulae externus superficialis* , qui devient plus penné chez les richmondenines. Il en résulte une plus grande puissance de broyage. La lignée thraupide-cardueline implique un changement d'accent par rapport au *m. adducteur mandibulae externe médial* au *m. pseudotemporalis superficialis* et l'avancée vers l'avant de l'insertion de cette dernière. Cela favorise également une plus grande capacité de broyage. Il affirme que les caractéristiques du palais corné et du plumage fournissent une preuve supplémentaire de la relation étroite entre ces groupes. Il inclut donc les Thraupinés , les Carduelinae et les Pyrrhuloxiinae (=Richmondeninae) dans la famille des Thraupidés. Beecher (1953 : 307) indique que les modèles de musculature de la mâchoire des Parulinae (parulines des bois) et des Emberizinae (bruants) sont similaires et suggère que les bruants tirent leur origine des parulines des bois. Il inclut donc ces sous-familles dans la famille des Parulidae.

Le raisonnement de Beecher peut être critiqué sur plusieurs points. Il se peut, comme il le suggère, que les muscles à fibres parallèles aient évolué plus tôt, phylogénétiquement, que les muscles à fibres pennées, mais il ne prend pas suffisamment en considération, me semble-t-il, la possibilité que les fibres parallèles aient également évolué secondairement à partir de fibres parallèles. fibres pennées. Depuis que Beecher (1951a) a découvert que les modèles de musculature de la mâchoire au sein de la famille des Icteridae étaient conservateurs, il est réticent à admettre la possibilité d'une convergence entre les autres familles. Les différences dans les modèles de musculature de la mâchoire sont cependant des adaptations fonctionnelles et, comme le bec, qui est également associé à l'obtention de nourriture, peut être sujet à un changement évolutif rapide. Enfin, en tentant de classer les oscines, il s'est appuyé presque entièrement sur un seul caractère : le modèle de la musculature de la mâchoire.

Les tentatives de Tordoff (1954) pour clarifier les relations entre les fringillidés et les espèces apparentées reposent principalement sur les caractéristiques du palais osseux. Il suppose que puisque les palato-maxillaires semblent absents chez la majorité des passereaux, leur présence dans certains groupes d'oscines à neuf primaires indique une relation entre ces groupes. Il souligne que ces os, lorsqu'ils sont présents, constituent d'importantes zones d'origine du *m. ptérygoïde* qui fonctionne en dépression de la mâchoire supérieure et en élévation de la mâchoire inférieure. Il suppose donc que les palato-maxillaires ont évolué pour permettre une action plus efficace du *m. ptérygoïde* . La nécessité d'une telle action pourrait être associée à une habitude de manger des graines. Tous les richmondenines et emberizines possèdent des os palato-maxillaires libres ou fusionnés à la barre prépalatine, mais il n'y a aucune trace de ces os dans les carduelines. De plus, les carduelines possèdent des barres prépalatines typiquement évasées vers l'avant. Cette condition n'existe pas chez les richmondenines ni chez les emberizines.

Tordoff souligne également que les migrations irrégulières et erratiques des Carduelinae du Nouveau Monde sont différentes des migrations plus régulières des richmondenines et des emberizines. De plus, les carduelines ont des habitudes plus arboricoles que ces autres groupes et présentent un manque flagrant d'assainissement du nid au cours des dernières étapes de la nidification, une situation qui contraste avec celle trouvée chez les Richmondeninae et les Emberizinae. Il suggère donc que les carduelines ne sont pas aussi étroitement liées aux richmondenines et aux emberizines qu'on le pensait auparavant.

Puisqu'il n'existe que deux genres de carduelines, *Loximitris* et *Hesperiphona* , endémiques au Nouveau Monde et au moins 10 genres avec de nombreuses espèces endémiques à l'Ancien Monde, Tordoff (1954 : 15) suggère une origine de l'Ancien Monde pour les carduelines. Il renforce son argument en faveur de cette hypothèse en soulignant que les caractéristiques du palais osseux et les habitudes des carduelines ressemblent aux estrildines de la famille des Ploceidae.

Tordoff (1954 : 29-30) déclare que les tangaras non seulement fusionnent avec les richmondenines, mais qu'ils passent également imperceptiblement aux emberizines. Il inclut donc les Richmondeninae, les Emberizinae et les Thraupinae dans la famille des Fringillidae. Il suggère que les carduelines sont des plocéides, étroitement liées à la sous-famille des Estrildinae, sur la base de la structure du palais osseux, de la répartition géographique, du comportement social et d'habitudes telles que la salissure et la construction de nids.

Tordoff, comme Beecher, a basé ses interprétations principalement sur une caractéristique : la structure du palais osseux. Puisque cette caractéristique est également associée à l'obtention de nourriture , les possibilités de convergence d'espèces éloignées ayant des habitudes similaires et de divergence d'espèces étroitement apparentées ayant des habitudes différentes ne peuvent pas être exclues.

Le risque d'une convergence adaptative non reconnue ne peut bien entendu être exclu dans la plupart des domaines de la recherche taxonomique, mais certaines caractéristiques de la morphologie et de la biochimie sont nettement plus conservatrices que d'autres et subissent un changement évolutif plus lent. Ces caractéristiques sont souvent de la plus haute importance pour distinguer les catégories taxonomiques supérieures.

La plupart des ornithologues savent que, au sein de l'Ordre des Passériformes, les modèles de musculature de la jambe ont évolué lentement et présentent peu de variations au sein de l'Ordre. Les différences qui apparaissent sont donc probablement significatives, en particulier celles qui sont cohérentes entre les groupes d'espèces. Comme je l'ai souligné plus tôt (p. 184), il n'y a pas de différences significatives dans la musculature des jambes entre les Richmondeninae, les Emberizinae et les Thraupidae. En effet, il est difficile de définir ces groupes sur la base de la musculature des jambes. Si ces groupes sont d'origine commune, l'absence de frontières distinctes entre eux n'est pas surprenante. Une bande musculaire qui s'étend de la *pars interne* du *m. gastrocnemius* autour de l'avant du genou est présent chez toutes les espèces d'emberizine que j'ai étudiées et dans le genre *Piranga* . A l'exception de *Spiza,* aucun des Richmondenins ne possède cette bande.

Les différences significatives dans la musculature des pattes qui ont été discutées ci-dessus (pp. 183-184) distinguent les carduelines des pinsons et des tangaras du Nouveau Monde. Même la cardueline *Leucosticte* et l'emberizine *Calcarius* , qui se ressemblent par leurs adaptations générales et par plusieurs traits myologiques de la jambe (p. 183), s'accordent par des traits significatifs de la musculature avec les groupes respectifs auxquels elles appartiennent. Les carduelines s'accordent dans les principales caractéristiques de la musculature des jambes avec les plocéides que j'ai étudiées.

L'utilisation de techniques sérologiques dans les travaux taxonomiques présente deux avantages principaux. Les systèmes biochimiques impliqués dans de telles recherches semblent être relativement lents à changer en réponse aux influences environnementales externes, et la nature quantitative des résultats obtenus permet de mesurer objectivement les ressemblances entre les espèces.

J'ai fait remarquer (p. 200) que les carduelines sont exclues , sérologiquement, de l'assemblage distinct formé par les richmondenines, les emberizines et les tangaras. En fait, les carduelines présentent moins de ressemblance sérologique avec cet assemblage que les estrildines, et la plupart des ornithologues conviennent que les Estrildinae ne sont pas du tout étroitement liées aux Richmondeninae, Emberizinae et Thraupidae. *Molothrus* , représentant une famille (Icteridae) reconnue comme distincte de la famille des Fringillidae, ressemble également plus étroitement à l'assemblage des fringilles, sur le plan sérologique, que les carduelines. Bien que les Carduelinae constituent un groupe sérologiquement distinct, elles présentent une plus grande ressemblance sérologique avec les estrildines de la famille des Ploceidae qu'avec aucune des autres espèces testées. Au moins les carduelines et les estrildines forment un groupe aussi compact que les sous-familles des Fringillidae. Ainsi, les données sérologiques correspondent bien à celles obtenues à partir de l'étude de la musculature des jambes.

Les systèmes de classification actuels incluent les sous-familles Passerinae et Estrildinae dans la famille des Ploceidae. *Passer* , cependant, est moins étroitement lié aux estrildines sur le plan sérologique que ne le sont les carduelines, et est moins étroitement lié aux estrildines que *Molothrus* , un ictéridé, ne l'est aux fringillidés. Cela soulève la question de l'homogénéité de la famille des Ploceidae telle qu'actuellement reconnue par la plupart des ornithologues. Si les Passerinae et les Estrildinae sont placés dans une seule famille, la divergence sérologique entre les membres de ce groupe est certainement plus grande qu'elle ne l'est dans la famille des Fringillidae. De plus, Beecher (1953 : 303-304) a découvert que les estrildines possèdent un modèle de musculature de la mâchoire différent de celui des autres plocéides.

Les preuves combinées de la musculature de la mâchoire et de la sérologie m'ont amené à conclure que les estrildines devraient être exclues de la famille des Ploceidae (voir ci-dessous).

Dans une tentative de clarifier les relations entre les Fringillidae et les groupes alliés, je passe ici brièvement en revue les preuves qui ont été présentées. De ses études sur la musculature de la mâchoire (1951a, 1951b, 1953), Beecher conclut que les Pyrrhuloxinae (=Richmondeninae), les Carduelinae et les Thraupinae sont étroitement liées. Il place ces groupes dans la famille des Thraupidés. Il exclut les Emberizinae de ce groupe et les place avec les parulines des bois dans la famille des Parulidae. Il suggère que les estrildines constituent une famille (Estrildidae) distincte de la famille des Ploceidae.

De ses études sur certaines caractéristiques du palais osseux , Tordoff (1954 : 25-26, 32) conclut que les richmondenines, les emberizines et les tangaras ont une origine commune et place ces groupes dans la famille des Fringillidae. Il exclut les carduelines de cet assemblage, suggère qu'elles sont étroitement liées aux estrildines et les inclut comme sous-famille des Carduelinae dans la famille des Ploceidae.

Dans cet article, j'ai présenté des données obtenues à partir de l'étude de certains caractères morphologiques et biochimiques qui, à mon avis, sont moins soumis à l'influence de facteurs environnementaux que ceux étudiés par des chercheurs récents. Il est significatif que les données obtenues par l'utilisation de techniques sérologiques et celles obtenues par l'étude de la musculature des jambes conduisent aux mêmes conclusions. Sur la base de ces données, j'ai tiré plusieurs conclusions concernant les relations entre les groupes que j'ai étudiés.

Les richmondenines, les emberizines et les tangaras sont étroitement liés et devraient être inclus dans une seule famille, les Fringillidae. Les Carduelinae et les Estrildinae sont des sous-familles étroitement liées. Bien que les classifications les plus récentes placent les Estrildinae et les Passerinae dans la famille des Ploceidae, les preuves sérologiques indiquent que ces groupes ne sont pas étroitement liés. Beecher (1953 : 303-304) a tiré la même conclusion de son étude de la musculature de la mâchoire (voir ci-dessus). Je suggère donc que les Carduelinae et les Estrildinae soient placés dans une famille distincte des Ploceidae et que le nom Carduelidae (plutôt que Estrildidae) soit utilisé pour ce groupe. À l'heure actuelle, aucun nom de famille n'est accepté non plus. Parce que *Carduelis* Brisson 1760 est un nom plus ancien qu'Estrilda *Swainson* 1827 et parce que *Carduelis* semble être un genre central dans la famille, j'ai choisi le premier (bien que les Règles internationales de nomenclature zoologique ne précisent pas que la priorité doit s'appliquer dans la formation des noms de famille).

Je n'ai pu étudier aucune des espèces incluses dans les sous-familles Fringillinae (et non Fringillinae de Tordoff, voir 1954 : 23-24, et ci-dessous) et Geospizinae des classifications récentes ; ces groupes n'ont donc pas été discutés ci-dessus. Beecher (1953 : 307-308) inclut *Fringilla* dans la sous-famille des Carduelinae ; il inclut les géospizines dans une famille distincte, les Geospizidae, et déclare qu'elles dérivent des emberizines. Tordoff (1954 : 23-24) a constaté que les caractéristiques du palais osseux *Fringilla* et les géospizines ressemblent aux emberizines et, sur cette base, les inclut dans la sous-famille des Fringillinae.

Le Dickcissel, *Spiza americana* , possède certaines caractéristiques qui méritent une discussion particulière. Beecher (1951a : 431 ; 1953 : 309), sur la base de la musculature de la mâchoire, le considère comme un ictéridé. Être sûr *Spiza* est à bien des égards un membre aberrant du groupe auquel elle est désormais attribuée (sous-famille des Richmondeninae). *Spiza* , sérologiquement, est étroitement apparentée à toutes les espèces de l'assemblage richmondenine-emberizine-thraupidé. Au sein de cet assemblage, ses plus proches parents sont les richmondenines. *Spiza* diffère des autres richmondenines étudiés et ressemble aux emberizines et aux tangaras en possession de la bande musculaire qui s'étend de la *pars interne* du *m. gastrocnémien* autour du devant du genou. Cette bande, chez *Spiza* , est cependant plus petite que chez toutes les autres espèces. Aucun ictéride disséqué ne possède une telle structure. Tordoff (1954 : 29) déclare que *Spiza* est typiquement richmondénine dans sa structure palatine et suggère, avec laquelle je suis d'accord, que *Spiza* est une richmondénine et peut être étroitement liée à la souche ancestrale qui a donné naissance à l'assemblage des fringilles. La position sérologique de *Spiza* , à peu près à égale distance des autres fringillidés (Figs. 22 , 23), et la présence de la petite bande musculaire autour de l'avant du genou constituent des preuves en faveur de la position centrale de *Spiza* .

Après avoir examiné les preuves issues des études de morphologie externe, d'éthologie, de myologie, d'ostéologie et de sérologie, je propose ici un arrangement des groupes que j'ai étudiés et soumets pour comparaison les arrangements (de ces groupes) proposés par Beecher et Tordoff. Les noms des sous-familles que je n'ai pas pu étudier sont inclus dans mon classement et sont placés entre parenthèses.

Ici proposé	Proposé par Tordoff (1954) sur la base du palais osseux :	Proposé par Beecher (1953) sur la base de la musculature de la mâchoire :

FAMILLE DES PLOCÉIDÉS	FAMILLE DES PLOCÉIDÉS	FAMILLE DES PLOCÉIDÉS
[Subf. Bubalornithinae]	Sousf. Bubalornithinae	
Sous-famille des Passerinae : se distingue des Estrildinae par les modèles de musculature de la mâchoire (Beecher, 1953 : 303-304) et sur la base d' une sérologie comparative des protéines solubles dans le sérum physiologique.	Sous-famille des Passeridés	Sous-famille des Passeridés
[Sous-famille des Plocéines]	Sous-famille des Plocéines	Sous-famille des Plocéines
[Sous-famille des Viduinae]	Sous-famille des Viduinae	Sous-famille des Viduinae
.	.	.
FAMILLE DES CARDUELIDÉS		
Sous-famille des Estrildinae : semblable aux Carduelinae par les caractéristiques du palais osseux et les habitudes (Tordoff, 1954 : 18-22), ainsi que par les caractéristiques de la musculature des jambes et la sérologie comparative des protéines solubles dans la solution saline.	Sous-famille des Estrildinae	FAMILLE DES ESTRILDIDÉS
Sous-famille des Carduelinae : se distingue des Fringillidae par les caractéristiques du palais, la répartition géographique, les schémas de migration et les habitudes (Tordoff,	Sous-famille des Carduelinae	[Dans Thraupidae ci-dessous]

1954 : 14-18) ainsi que par les schémas musculaires des jambes et la sérologie comparative des protéines solubles dans le sérum physiologique.		
.	.	.
FAMILLE DES FRINGILLIDAE : tous les membres de cette famille présentent des similitudes dans les caractéristiques du palais osseux (Tordoff, 1954 : 22-23), dans les schémas musculaires des jambes et dans la sérologie comparative des protéines solubles dans le sérum physiologique.	FAMILLE DES FRINGILLIDÉS	FAMILLE PARULIDAE Sous-famille ParulinaeSous-famille Emberizinae
		FAMILLE DES THRAUPIDÉS
Sousf. Sous-famille Richmondeninae ThraupinaeSous-famille Emberizinae[Sous-famille Fringillinae][Sous-famille Geospizinae]	Sousf. Sous-famille des Richmondeninae Sous-famille des Thraupinae Fringillinae (y compris les Emberizinae et les Geospizinae)	Sous-famille des Pyrrhuloxiinae Sous-famille des Thraupinae[Dans Parulidae ci-dessus]Sous-famille des Carduelinae

Résumé

Il est reconnu depuis longtemps que la famille des Fringillidae comprend des groupes dissemblables. Plus précisément, les relations entre les sous-familles Richmondeninae, Emberizinae et Carduelinae de la famille des Fringillidae sont mal comprises . Les données de deux études récentes, l'une sur les caractéristiques de la musculature de la mâchoire et l'autre sur les caractéristiques du palais osseux, soulignent la dissemblance de ces sous-familles mais ont donné lieu à des concepts contradictoires sur les relations entre les sous-familles au sein de la famille.

Cet article rapporte les résultats d'études portant sur des caractéristiques morphologiques et biochimiques que je considère comme moins sensibles aux facteurs environnementaux externes que ne le sont les caractéristiques étudiées précédemment. Les schémas musculaires des pattes ont été choisis pour étude car des travaux antérieurs ont montré que les schémas musculaires des pattes des passereaux sont très stables et varient peu. Les variations cohérentes dans la séparation des groupes d' espèces devraient donc être significatives. Des techniques sérologiques ont été utilisées parce que les systèmes biochimiques impliqués semblent changer relativement lentement en réponse aux influences environnementales et parce que les données obtenues peuvent être utilisées de manière très objective pour mesurer la ressemblance entre les espèces.

Les différences individuelles dans les schémas musculaires des jambes se sont révélées légères et concernaient principalement la taille et la forme des muscles. Pour cette raison, les variations impliquant l'origine, l'insertion ou la position relative d'un muscle ont été jugées significatives. Au niveau de la musculature des jambes, les Richmondeninae, les Emberizinae et les Thraupidae se ressemblent beaucoup. Plusieurs différences dans la configuration musculaire ont cependant été trouvées , qui distinguent ces groupes des Carduelinae. La musculature des pattes des carduelines ressemble beaucoup à celle des Ploceidae.

Les techniques sérologiques impliquaient l'extraction de protéines solubles dans la solution saline des tissus des espèces à étudier . Ces extraits ont été soigneusement traités et utilisés comme antigènes. La formolisation des antigènes était nécessaire pour empêcher la dénaturation des protéines par activité enzymatique. Des antisérums ont été produits chez le lapin. La méthode de test impliquait une analyse turbidimétrique de la réaction de précipitation. En utilisant les valeurs des tests de précipitine, un modèle a été construit qui montre les relations entre les onze espèces utilisées dans ces tests. À partir d'une étude du modèle et des données utilisées dans sa construction, il a été déterminé que les Richmondeninae, Emberizinae et

Thraupidae constituent un assemblage distinct des autres espèces étudiées. Les Carduelinae sont exclues de l'assemblage et sont sérologiquement les plus étroitement liées aux Estrildinae. Les estrildines, sérologiquement, ne ressemblent pas beaucoup *à Passer*, sous-famille des Passerinae, bien que des classifications récentes placent ces deux sous-familles dans la famille des Ploceidae.

Après avoir examiné toutes les preuves actuellement disponibles – issues de la morphologie externe, de l'éthologie, de la myologie, de l'ostéologie et de la sérologie – plusieurs hypothèses concernant les relations entre les groupes étudiés sont avancées. Les richmondénines , les embérizines et les tangaras sont des sous-familles étroitement apparentées et sont ici incluses dans la famille des Fringillidae. Les Estrildinae et les Carduelinae sont des sous-familles étroitement liées, mais aucun des deux groupes n'est étroitement lié aux Passerinae. Les estrildines et les carduelines sont donc placées dans une famille distincte, les Carduelidae. À certains égards, *Spiza* est un membre aberrant de la sous-famille des Richmondeninae, mais devrait être conservé dans cette sous-famille. Il est suggéré que *Spiza* est une richmondénine primitive étroitement liée au stock ancestral de fringillidés.